大学新入生のための
基 礎 数 学

博士(理学)　桑野 泰宏 著

コ ロ ナ 社

ま　え　が　き

著者が大学に入った頃，教養科目を1年かけてじっくり学ぶのはごく普通のことだった。しかし，著者が大学教員になった頃には，教養科目は基礎科目に名を変え，セメスター制が確立して半期ごとの単位認定が当然になっていた。そして，最近では一部でクォーター制が取り入れられ，細分化された内容を四半期ごとに学生が単位修得しなければならないケースも増えてきた。

1991年の大学設置基準の大綱化以来，基礎科目は縮小を続け，その狭い枠の中で短期決戦型の科目が増えてきた。例を挙げると，セメスター制の半期で微分積分と線形代数を講義する科目や，クォーター制の四半期で統計学を講義する科目などがある。

本書は，大学新入生に必要な基礎数学としての微分積分，線形代数，確率，統計についてコンパクトにまとめた教科書である。これらにそれぞれ1章を割き，微分積分の章に必要な予備知識として初等関数に関する章を第1章に配した。第1章を除く各章は毎週1回90分の講義7,8回分，クォーター制の四半期での1単位科目を想定してまとめた。したがって，各章は比較的独立しており，各章の初めに扉のページを設けてその章の内容や目的について概説した。

第2章と第3章の微分積分と線形代数は大学教養（基礎科目）の数学の二本柱として長年定着しており，その重要性については改めて説明する必要はないであろう。第4章と第5章の確率と統計は近年「役に立つ数学」としてその重要性が認知されており，『確率・統計』という科目名でセットにして講義されることも多い。本書では基礎数学の立場から，実際の応用へも目を配りながら，単なる計算手順の説明にとどまらず，その計算の意味するところや数学的根拠についても解説した。

本書の記述は平易を旨とした。各節は見開き偶数ページを基本とし，定義や定理などの要点を前半にまとめ，後半には例題や練習を配置して，学習参考書の体裁に近づけた。一方で，例題や練習の一部は要点中の定理などの証明問題とし，理論的な理解も軽視しないようにした。

高等学校で新学習指導要領が2012年度から数学・理科で先行実施され，本書が出版される頃にはその第1期生が大学へ入学してくる。数学の新課程の目玉の一つが，全員必修の数学Iで「データの分析」という単元が加わったことであろう。その一方で，新課程では「行列とその応用」の単元がなくなってしまった。そのため本書では，特に第3章の線形代数と第5章の統計について，高等学校の内容とのつながりに留意した。

本文中の一部のグラフ・図の作図には，Wolfram Mathematica® 7を用いた。巻末の付表は，Microsoft® Excel® 2013の関数機能を用いて作成した。

大学の同僚の高英聖氏には，原稿を読んでいただき貴重なご意見をいただいた。コロナ社の方々には，本書の執筆を勧めていただき，編集作業を通じて多大なるご協力をいただいた。これらの方々に心から感謝いたします。

2015年1月

桑野泰宏

本書の使い方

- 以下の項目をひとまとめにして，各章の中で通し番号を付している。
  - **定理・命題・系**とは，定義等から論理的に証明された事柄をいう。これらの中で非常に重要なものを定理，重要なものを命題，命題等から容易に導かれるものを系としたが，その区別は厳密なものではない。
- 以下の各項目と図，および重要な式には，それぞれ各章の中で通し番号を付してある。
  - **定義**とは，言葉の意味や用法について定めたものである。
  - **注意**とは，定義や定理・命題等に関する注意である。
  - **例**とは，定義や定理・命題等の理解を助けるための実例である。
  - **例題**では，基本的な問題の解き方を丁寧に説明した。
  - **練習**は，（一部の例外を除き）例題の類題である。
- 各章の章末には，まとめの問題を**章末問題**として配置した。
- 本書では，証明の終わりに□，解答例の終わりに◆を付した。
- 重要な用語は太字にし，巻末の索引で引用するとともに，一部の用語には英訳を付した。探したい項目や式を見つけるには，それぞれの通し番号を参考にするとともに，目次や索引を活用して欲しい。

目　　次

1. 初 等 関 数

2. 微 分 積 分

3. 線 形 代 数

4. 確　　率

5. 統　　計

本書で用いる記号

本書では以下の記号を用いる。

(1) 自然数全体の集合を $\mathbb{N}$，整数全体の集合を $\mathbb{Z}$，有理数全体の集合を $\mathbb{Q}$，実数全体の集合を $\mathbb{R}$，複素数全体の集合を $\mathbb{C}$ で表す。なお，本書では自然数を正の整数の意味で用いる。

(2) a が集合 A の元であるとき，$a \in A$ または $A \ni a$ と記す。a が集合 A の元ではないとき，$a \notin A$ または $A \not\ni a$ と記す。

(3) $P(x)$ を x に関する命題であるとき，$\{x|P(x)\}$ で，条件 P をみたす x 全体の集合を表す。また，集合 A の元が $a, b, c, d, \cdots$ のように列挙できる場合，$A = \{a, b, c, d, \cdots\}$ のように書くことがある。

(4) A, B を集合とし，$x \in A$ ならつねに $x \in B$ が成り立つとき，A は B の部分集合であるといい，$A \subset B$ と記す。$A \subset B$ かつ $B \subset A$ が成り立つとき，$A = B$ が成り立つ。

(5) A, B を集合とし，f をすべての A の元 a から B の元 b をただ一通りに対応させる対応規則とするとき，f を写像といい

$$f : A \longrightarrow B$$

$$f : a \longmapsto b$$

のように書く。

(6) $A := B$ または $B =: A$ で，B により A を定義すると読む。

(7) $\mathbb{R}^n$ で n 項列ベクトルの全体を表す。${}^t(\mathbb{R}^n)$ で n 項行ベクトルの全体を表す。

(8) $M_{n,m}(\mathbb{R})$ で n 行 m 列の（実数成分の）行列全体を表す。$M_n(\mathbb{R})$ で（実数成分の）n 次正方行列を表す。この記法では，$\mathbb{R}^n = M_{n,1}(\mathbb{R})$ であり，${}^t(\mathbb{R}^n) = M_{1,n}(\mathbb{R})$ である。

1 初 等 関 数

初等関数とは，多項式関数，有理関数，無理関数などの代数関数と，**三角関数**，**逆三角関数**，**指数関数**，**対数関数**，およびこれらの関数の有限回の合成で得られる関数のことである。この章では，第2章で学ぶ微分積分に最低限必要な初等関数について学ぶことを目標とする。

測量などの実用上の必要から生まれた数学の分野に三角法がある。三角関数は，三角法の中から生まれた最も重要な関数といえる。本書では任意の実数を角度に対応させる**一般角**の**弧度法**を用い，単位円を用いて三角関数を定義した。三角関数の定義域をしかるべく制限すると，1：1対応となり，その逆関数を定義することができる。それが逆三角関数である。

中学校以来学んできた指数法則は，指数の範囲を自然数から整数，有理数，実数へと拡張することができる。そうして実数を定義域とする指数関数を導入した。対数関数は指数関数の逆関数である。対数の概念はもともと，天文学における三角関数の乗法・除法計算を加法・減法に変換することから生まれた。

ネイピアの対数表は1614年に出版された。これにより，巨大な数の乗法と除法が加法と減法により計算できるようになった。同時代人であったケプラーが，惑星の運動に関するケプラーの法則を発表したのは1619年であった。

ケプラーの発見により惑星が太陽を一方の焦点とする楕円軌道を描くことが明らかになり，天体の運動は円運動であるという古代ギリシア以来の宇宙観に打撃を与えた。なぜ円ではなく楕円かという問が，ニュートンの万有引力の法則と運動の法則の発見につながっている。その意味で，近代科学の成立にネイピアの対数表の果たした役割は大きい。

1.1　三　角　関　数

この節では**三角関数**（trigonometric function）の定義の復習から始める。

定義 1.1　(三角関数)　xy 座標平面で，原点を中心とする半径 1 の円周 C を考える。$+x$ 軸から反時計回りに測って角度 θ となる C 上の点 P を角度 θ の点という（**図 1.1**）。このときの点 P の座標を $(\cos\theta, \sin\theta)$ とすることにより，**正弦関数** $\sin\theta$, **余弦関数** $\cos\theta$ を定義する。

また，$\cos\theta \neq 0$ のとき

$$\tan\theta := \mathrm{OP}\text{ の傾き} = \frac{\sin\theta}{\cos\theta}$$

で，**正接関数** $\tan\theta$ を定義する。

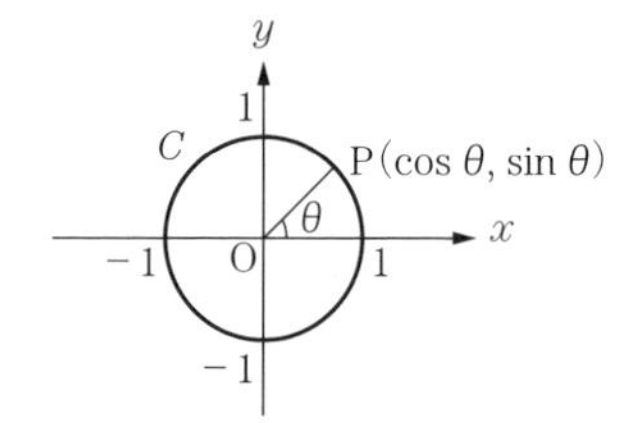

図 1.1　三角関数の定義

次に，**弧度法**と**一般角**について説明しよう。本書では特に断らない限り，角度は弧度法で測ることにする。弧度法では，半径 1 の扇形の弧の長さが θ のとき，対応する中心角を θ〔rad〕と定義する。〔rad〕は角度の単位で，ラジアン（radian）と読む。

一周を 360 deg (= 360°) とする度数法との対応を述べよう。弧度法では半径 1 の円周の長さが 2π なので，$360\,\mathrm{deg} = 2\pi\,\mathrm{rad}$，すなわち $180\,\mathrm{deg} = \pi\,\mathrm{rad}$ となる。したがって，次の比例関係が成り立つ。

$$x\,〔\mathrm{deg}〕 = \frac{\pi x}{180}〔\mathrm{rad}〕, \qquad x\,〔\mathrm{rad}〕 = \frac{180x}{\pi}〔\mathrm{deg}〕$$

また，一般角とは，角度 θ を必ずしも $0 \leqq \theta < 2\pi$ に制限しないことをいう。$\theta \geqq 2\pi$ のときは，必要なだけ何周かして角度 θ の点を決定する。例えば，角度 $13\pi/3$ の点は角度 $\pi/3$ の点と一致する（$13\pi/3 = 2 \times 2\pi + \pi/3$ より）。また，$\theta < 0$ のときは，時計回りに角度 $-\theta(> 0)$ だけ回って角度 θ の点を決定する。

命題 1.1 任意の実数 θ に対して次の関係が成り立つ。

$$\cos^2\theta + \sin^2\theta = 1 \tag{1.1}$$

三角関数 $y = \sin x,\ \cos x,\ \tan x$ のグラフは**図 1.2** のようになる。

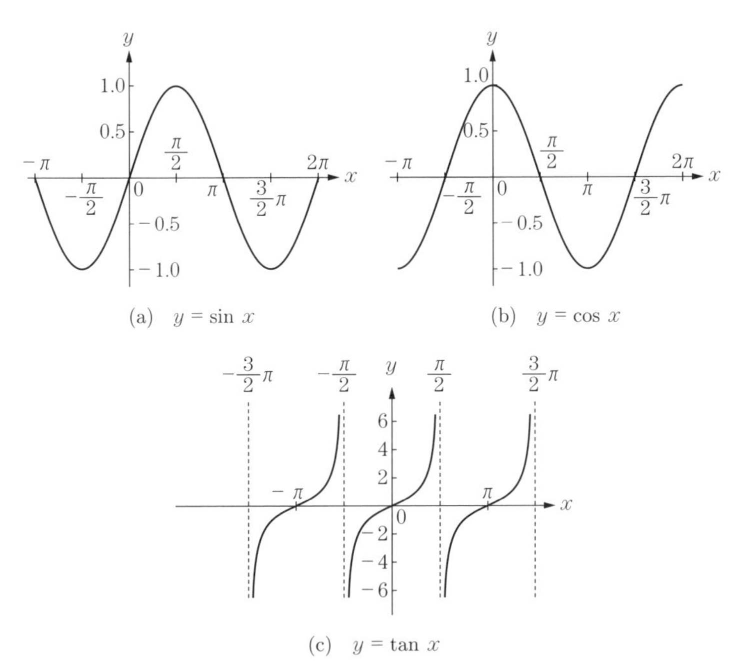

図 1.2 三角関数のグラフ

命題 1.2 三角関数について，次の加法定理が成り立つ（すべて複号同順）。

$$\sin(\alpha \pm \beta) = \sin\alpha\cos\beta \pm \cos\alpha\sin\beta \tag{1.2 a}$$

$$\cos(\alpha \pm \beta) = \cos\alpha\cos\beta \mp \sin\alpha\sin\beta \tag{1.2 b}$$

$$\tan(\alpha \pm \beta) = \frac{\tan\alpha \pm \tan\beta}{1 \mp \tan\alpha\tan\beta} \tag{1.2 c}$$

例題 1.1　次の問に答えよ。

(1)　次の角度を，度数法は弧度法に，弧度法は度数法に直せ。

(a)　60°　　(b)　$\dfrac{2\pi}{3}$　　(c)　-20°　　(d)　5

(2)　次の値を求めよ。

(e)　$\sin\left(\dfrac{5\pi}{3}\right)$　　(f)　$\cos\left(\dfrac{5\pi}{3}\right)$　　(g)　$\tan\left(\dfrac{5\pi}{3}\right)$

解答例　(1)　$180^\circ = \pi$ rad（以下，rad を省略）であるので

(a)　$60^\circ = \dfrac{60}{180}\pi = \dfrac{\pi}{3}$　　(b)　$\dfrac{2\pi}{3} = 180^\circ \times \dfrac{2}{3} = 120^\circ$

(c)　$-20^\circ = \dfrac{-20}{180}\pi = -\dfrac{\pi}{9}$　　(d)　$5 = 180^\circ \times \dfrac{5}{\pi} = \left(\dfrac{900}{\pi}\right)^\circ$

である。

(2)　**図 1.3** より次の値を得る。

(e)　$\sin\left(\dfrac{5\pi}{3}\right) = -\dfrac{\sqrt{3}}{2}$　　(f)　$\cos\left(\dfrac{5\pi}{3}\right) = \dfrac{1}{2}$

(g)　$\tan\left(\dfrac{5\pi}{3}\right) = -\sqrt{3}$

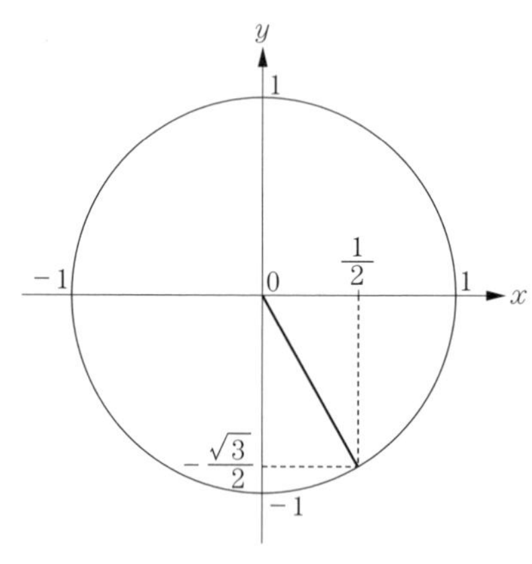

図 1.3　角度 $5\pi/3$ に対する三角関数の値　◆

練習 1.1　加法定理を用いて，$\cos\dfrac{\pi}{12}$ を求めよ。

例題 1.2　次の三角関数の和・差を積に直す公式を証明せよ。

(1)　$\sin A + \sin B = 2\sin\left(\dfrac{A+B}{2}\right)\cos\left(\dfrac{A-B}{2}\right)$

(2)　$\sin A - \sin B = 2\cos\left(\dfrac{A+B}{2}\right)\sin\left(\dfrac{A-B}{2}\right)$

(3)　$\cos A + \cos B = 2\cos\left(\dfrac{A+B}{2}\right)\cos\left(\dfrac{A-B}{2}\right)$

(4)　$\cos A - \cos B = -2\sin\left(\dfrac{A+B}{2}\right)\sin\left(\dfrac{A-B}{2}\right)$

証明　命題 1.2 の式 (1.2 a) の複号の二つの和と差を取ると，それぞれ

(1′)　$\sin(\alpha+\beta) + \sin(\alpha-\beta) = 2\sin\alpha\cos\beta$

(2′)　$\sin(\alpha+\beta) - \sin(\alpha-\beta) = 2\cos\alpha\sin\beta$

を得る。さらに，$\alpha+\beta = A$, $\alpha-\beta = B$ とおくと

$$\alpha = \frac{A+B}{2}, \qquad \beta = \frac{A-B}{2}$$

となるので，(1), (2) が得られる。

次に，命題 1.2 の式 (1.2 b) の複号の二つの和と差を取ると，それぞれ

(3′)　$\cos(\alpha+\beta) + \cos(\alpha-\beta) = 2\cos\alpha\cos\beta$

(4′)　$\cos(\alpha+\beta) - \cos(\alpha-\beta) = -2\sin\alpha\sin\beta$

を得る。よって (1), (2) と同様に，$\alpha+\beta = A$, $\alpha-\beta = B$ とおくと，(3), (4) が得られる。 □

練習 1.2　$0 \leqq x < 2\pi$ のとき，関数 $y = \sin x + \sqrt{3}\cos x$ を考える。このとき次の問に答えよ。

(1)　加法定理を用いて $y = 2\sin(x+\pi/3)$ が成り立つことを示せ。

(2)　この関数の最大値，最小値を求めよ。また，最大値，最小値を与える x の値を求めよ。

1.2 逆三角関数

一般に，関数 $y = f(x)$ が $1:1$ 対応であるとき，言い換えるとすべての y の値に対し，$f(x) = y$ をみたす x の値がただ一つのとき，f の**逆関数**（inverse function）f^{-1} を定義できる。この節では重要な逆関数の例として，**逆三角関数**（inverse trigonometric function）を取り上げる[†]。

定義 1.2（逆三角関数）　$f(x) = \sin x$ の定義域を $J = [-\pi/2, \pi/2]$ に制限すると，値域は $I = [-1, 1]$ で $1:1$ 対応となる。その逆関数を $f^{-1}(x) = \sin^{-1}x$ と記し，**逆正弦関数**という。

$g(x) = \cos x$ の定義域を $K = [0, \pi]$ に制限すると，値域は I で $1:1$ 対応となる。その逆関数を $g^{-1}(x) = \cos^{-1}x$ と記し，**逆余弦関数**という。

$h(x) = \tan x$ の定義域を $\mathring{J} = (-\pi/2, \pi/2)$ に制限すると，値域は $\mathbb{R}$ で $1:1$ 対応となる。その逆関数を $h^{-1}(x) = \tan^{-1}x$ と記し，**逆正接関数**という。

逆三角関数 $y = \sin^{-1} x, \cos^{-1} x, \tan^{-1} x$ のグラフは図 **1.4** のようになる。

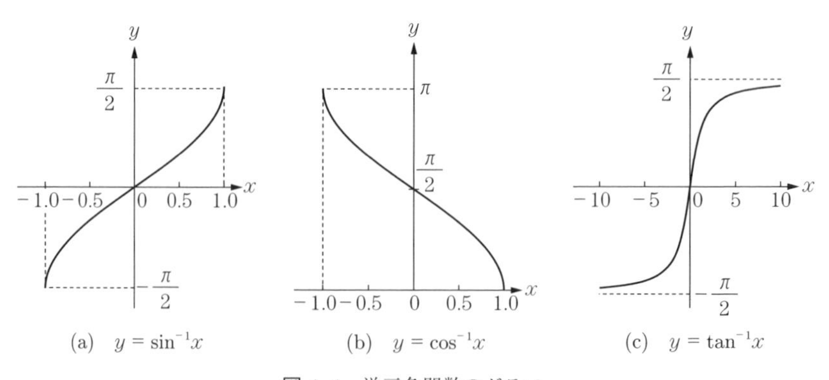

図 **1.4**　逆三角関数のグラフ

† 三角関数はもともと $1:1$ 対応ではないが，定義域を制限することで $1:1$ にできる。

例題 1.3 (1) 次の値を求めよ。

$$(a)\quad \sin^{-1}\left(\frac{1}{\sqrt{2}}\right) \qquad (b)\quad \cos^{-1}\left(-\frac{1}{2}\right) \qquad (c)\quad \tan^{-1}\sqrt{3}$$

(2) $-1 \leqq x \leqq 1$ に対し，次の関係式が成り立つことを示せ。

$$\sin^{-1} x + \cos^{-1} x = \frac{\pi}{2} \tag{1.3}$$

解答例 (1) (a) $\sin^{-1}(1/\sqrt{2}) = x$ とおくと, $\sin x = 1/\sqrt{2}$（ただし, $-\pi/2 \leqq x \leqq \pi/2$）と等価である。よって

$$x = \sin^{-1}\left(\frac{1}{\sqrt{2}}\right) = \frac{\pi}{4}$$

(b) $\cos^{-1}(-1/2) = x$ とおくと，$\cos x = (-1/2)$（ただし，$0 \leqq x \leqq \pi$）と等価である。よって

$$x = \cos^{-1}\left(-\frac{1}{2}\right) = \frac{2\pi}{3}$$

(c) $\tan^{-1}\sqrt{3} = x$ とおくと，$\tan x = \sqrt{3}$（ただし，$-\pi/2 < x < \pi/2$）と等価である。よって

$$x = \tan^{-1}\sqrt{3} = \frac{\pi}{3}$$ ◆

証明 (2) $\sin^{-1}x = \alpha$ とおくと，$\sin\alpha = x$（ただし，$-\pi/2 \leqq \alpha \leqq \pi/2$）である。よって，$\beta = \pi/2 - \alpha$ とおくと，$0 \leqq \beta \leqq \pi$ である。

$\cos\beta = \cos(\pi/2 - \alpha) = \sin\alpha = x$ より，$\cos^{-1}x = \beta$ が成り立つ。よって

$$\sin^{-1} x + \cos^{-1} x = \alpha + \beta = \frac{\pi}{2}$$

となり，式 (1.3) が成り立つ。 □

練習 1.3 次の関係式が成り立つことを証明せよ。

$$\tan^{-1}\frac{1}{2} + \tan^{-1}\frac{1}{3} = \frac{\pi}{4}$$

1.3 指 数 法 則

以下 1.5 節まで，$0<a<1$ または $a>1$ なる a を一つ固定する。a の自然数乗（べき乗）に対して次の**指数法則**が成り立つ。

定理 1.3　自然数 n, m に対し，次の指数法則が成り立つ。

$$a^n a^m = a^{n+m} \tag{1.4 a}$$

$$(a^n)^m = a^{nm} \tag{1.4 b}$$

証明　自然数 $n = 1, 2, 3, \cdots$ に対して，a^n とは

$$a^n = \underbrace{(a \times \cdots \times a)}_{n\,個} \tag{1.5}$$

のことであるから

$$\left.\begin{aligned} a^n \times a^m &= \underbrace{(a \times \cdots \times a)}_{n\,個} \times \underbrace{(a \times \cdots \times a)}_{m\,個} = a^{n+m} \\ (a^n)^m &= \underbrace{(a^n) \times \cdots \times (a^n)}_{m\,個} = a^{nm} \end{aligned}\right\} \tag{1.6}$$

より，定理 1.3 が成り立つ。　□

注意 1.1　指数法則を自然数以外に拡張する。まず，式 (1.4 a) に $m = 0$ を代入して

$$a^n a^0 = a^{n+0} = a^n \Longrightarrow a^0 = 1 \tag{1.7}$$

となる。また，$n = 1, 2, 3, \cdots$ として，式 (1.4 a) に $m = -n$ を代入して

$$a^n a^{-n} = a^{n-n} = a^0 = 1 \Longrightarrow a^{-n} = \frac{1}{a^n} \tag{1.8}$$

となる。次に，$m/n \in \mathbb{Q}$ $(m \in \mathbb{Z}, n \in \mathbb{N})$ のとき式 (1.4 b) を用いると

$$(a^{m/n})^n = a^m \Longrightarrow a^{m/n} = \sqrt[n]{a^m} \tag{1.9}$$

を得る。

例題 1.4　式 (1.7)〜式 (1.9) のように指数の定義を拡張した後も，指数法則の式 (1.4 a)，式 (1.4 b) が成り立つことを示せ。

証明　以下，$p_1 = m_1/n_1, p_2 = m_2/n_2 \in \mathbb{Q}$ $(m_1, m_2 \in \mathbb{Z}, n_1, n_2 \in \mathbb{N})$ とおく。また，指数が有理数の場合（式 (1.9) に対応）について示せば，指数が 0, 負の整数の場合も含むことを注意しておく。

まず，式 (1.9) より

$$\left.\begin{aligned}(a^{p_1})^{n_1 n_2} &= ((a^{p_1})^{n_1})^{n_2} = (a^{m_1})^{n_2}\\(a^{p_2})^{n_1 n_2} &= ((a^{p_2})^{n_2})^{n_1} = (a^{m_2})^{n_1}\end{aligned}\right\} \tag{1.10}$$

が成り立つ。式 (1.10) を辺々掛けて

$$(a^{p_1})^{n_1 n_2}(a^{p_2})^{n_1 n_2} = a^{m_1 n_2}a^{m_2 n_1} = a^{m_1 n_2 + m_2 n_1} \tag{1.11}$$

となる。式 (1.11) の左辺は $(a^{p_1}a^{p_2})^{n_1 n_2}$ に等しいから，両辺の $n_1 n_2$ 乗根を取ることにより

$$\begin{aligned}a^{p_1}a^{p_2} &= \sqrt[n_1 n_2]{a^{m_1 n_2 + m_2 n_1}} = a^{\frac{m_1 n_2 + m_2 n_1}{n_1 n_2}}\\&= a^{p_1 + p_2}\end{aligned} \tag{1.12}$$

であるから，式 (1.4 a) が成り立つ。

次に，$(a^{p_1})^{p_2} = \sqrt[n_2]{(a^{p_1})^{m_2}}$ より

$$\begin{aligned}((a^{p_1})^{p_2})^{n_2 n_1} &= ((a^{p_1})^{m_2})^{n_1} = ((a^{p_1})^{n_1})^{m_2} = (a^{m_1})^{m_2}\\&= a^{m_1 m_2}\end{aligned} \tag{1.13}$$

を得る。式 (1.13) の両辺の $n_1 n_2$ 乗根を取ることにより

$$\begin{aligned}(a^{p_1})^{p_2} &= \sqrt[n_1 n_2]{a^{m_1 m_2}} = a^{\frac{m_1 m_2}{n_1 n_2}}\\&= a^{p_1 p_2}\end{aligned} \tag{1.14}$$

であるから，式 (1.4 b) が成り立つ。　□

練習 1.4　次の式を簡単にせよ。

(1)　$8^{\frac{4}{3}}$　　(2)　$27^{\frac{2}{3}}$

1.4 指　数　関　数

前節では考えなかったが，x が無理数のときの a^x はどう考えればよいだろうか。いま，x の 10 進数表示で小数第 $(n+1)$ 位以下を切り捨てた有理数を x_n とおく†と，$x_n \in \mathbb{Q}$ より，各 a^{x_n} は定義されている。また，$x_n \to x$ $(n \to \infty)$ であるので

$$a^x = \lim_{n \to \infty} a^{x_n}$$

により，a^x を定義できる。

また，任意の実数乗に対しても，指数法則（定理 1.3）は成り立つことがわかっている。

定義 1.3 (**指数関数**)　すべての実数 x に対して定義された関数: $y = a^x$ を a を底とする**指数関数**（exponential function）という。

指数関数 $y = a^x$ のグラフは**図 1.5** のようになる。

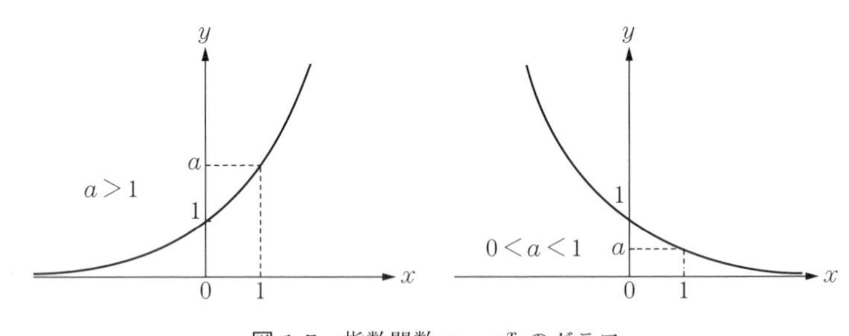

図 1.5　指数関数 $y = a^x$ のグラフ

---

† 例えば，$x = \sqrt{2} = 1.41421356 \cdots$ に対しては，$x_0 = 1, x_1 = 1.4, x_2 = 1.41, \cdots$ となる。

例題 1.5　指数関数 $f(x)=2^x$ に関する次の問に答えよ。

(1)　$a,b>0$ のとき，次の相加・相乗平均の関係式を証明せよ。

$$\frac{a+b}{2} \geqq \sqrt{ab} \quad (\text{等号は } a=b \text{ のときに限る}) \tag{1.15}$$

(2)　指数関数 $f(x)=2^x$ のグラフ上の異なる 2 点 $\mathrm{P}(p,f(p))$ と $\mathrm{Q}(q,f(q))$ の中点 (r,s) は，$s>f(r)$ をみたすことを示せ。

証明　(1)　式 (1.15) の左辺から右辺を引くと

$$\frac{a+b}{2}-\sqrt{ab}=\frac{(\sqrt{a}-\sqrt{b})^2}{2} \geqq 0$$

より，式 (1.15) が従う。

(2)　P, Q は $f(x)=2^x$ のグラフ上の異なる 2 点なので，$p \neq q$ である。題意により

$$r=\frac{p+q}{2}, \qquad s=\frac{2^p+2^q}{2}$$

である。よって，ここで証明すべきは

$$s=\frac{2^p+2^q}{2} > f(r)=f\left(\frac{p+q}{2}\right)=2^{\frac{p+q}{2}} \tag{1.16}$$

である。ここで，$2^p=a,\ 2^q=b$ とおくと，$a,b>0,\ a \neq b$ である。また

$$2^{\frac{p+q}{2}}=(ab)^{\frac{1}{2}}=\sqrt{ab}$$

であるから，式 (1.16) は式 (1.15) に帰着する。ここで $a \neq b$ より，式 (1.15) で等号が成り立たないことに注意せよ。よって，題意は示された。 □

練習 1.5　例題 1.5(2) で，線分 PQ はその中点に限らず指数関数 $y=f(x)$ より上にある（両端の点 P, Q を除く）†。この事実を，P と Q を有理数の比に内分する特別な場合について，すなわち，t を $0<t<1$ をみたす有理数として，P と Q を $(1-t):t$ の比に内分する点 (r,s) について $s>f(r)$ をみたすことを示せ。

---

† このことを指数関数 $y=f(x)$ が下に凸であるという。

1.5 対 数 関 数

a を底とする指数関数 $y = a^x$ は単調関数である。よって，各 $b > 0$ に対して，$a^x = b$ をみたす x が唯一つ存在する。この x の値を，$\log_a b$ と記す。

定義 1.4 (**対数関数**)　$x > 0$ に対して定義された関数: $y = \log_a x$ を，a を底とする**対数関数** (logarithmic function) という。

注意 1.2　対数関数の変数 x を真数といい，$x > 0$ が成り立つ (真数条件)。

対数関数 $y = \log_a x$ のグラフは図 **1.6** のようになる。

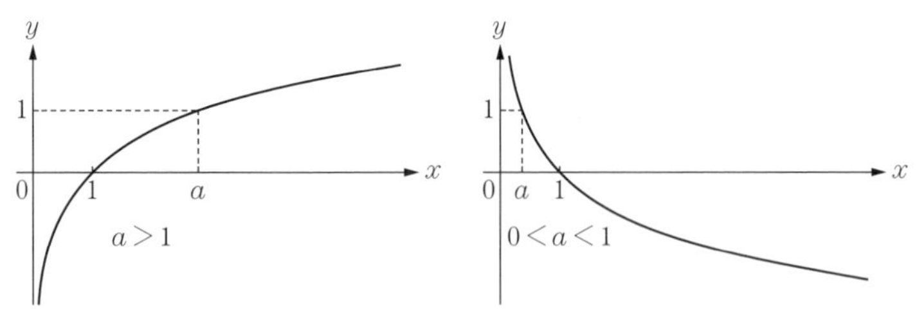

図 **1.6**　対数関数 $y = \log_a x$ のグラフ

指数法則を対数関数を用いて書き直したのが次の命題である。

命題 1.4　次の (1)〜(4) が成り立つ。

(1)　$\log_a xy = \log_a x + \log_a y$

(2)　$\log_a (x/y) = \log_a x - \log_a y$

(3)　$\log_a x^u = u \log_a x$

(4)　$\log_x y = \dfrac{\log_a y}{\log_a x}$

注意 1.3　命題 1.4(4) の等式を底の変換公式という。

例題 1.6　命題 1.4 を証明せよ。

また，命題 1.4 を用いて，次の式を簡単にせよ。

(a)　$\log_{10} 2 + \log_{10} 5$　　(b)　$\log_2 6 - \log_2 3$

(c)　$\log_2 \left(\dfrac{1}{\sqrt{2}}\right)$　　(d)　$\log_8 16$

証明　(1)　$p = \log_a x, q = \log_a y$ とおくと，定義により $a^p = x, a^q = y$ が成り立つ。$xy = a^p a^q = a^{p+q}$ より，次の式が成り立つ。

$$\log_a xy = p + q = \log_a x + \log_a y$$

(2)　(1) と同じ記号で，$x/y = a^p/a^q = a^{p-q}$ より，次の式が成り立つ。

$$\log_a (x/y) = p - q = \log_a x - \log_a y$$

(3)　(1) と同じ記号で，$x^u = (a^p)^u = a^{up}$ であるから，次の式が成り立つ。

$$\log_a x^u = up = u \log_a x$$

(4)　(1) と同じ記号で，$y = a^q = (a^p)^{\frac{q}{p}} = x^{\frac{q}{p}}$ より，次の式が成り立つ。

$$\log_x y = \frac{q}{p} = \frac{\log_a y}{\log_a x}$$

□

解答例　(a)　命題 1.4(1) より $\log_{10} 2 + \log_{10} 5 = \log_{10}(2 \times 5) = \log_{10} 10 = 1$

(b)　命題 1.4(2) より $\log_2 6 - \log_2 3 = \log_2 \left(\dfrac{6}{3}\right) = \log_2 2 = 1$

(c)　命題 1.4(3) より $\log_2 \left(\dfrac{1}{\sqrt{2}}\right) = \log_2 2^{-\frac{1}{2}} = -\dfrac{1}{2} \log_2 2 = -\dfrac{1}{2}$

(d)　命題 1.4(4) より $\log_8 16 = \dfrac{\log_2 16}{\log_2 8} = \dfrac{4}{3}$

ここで，$8 = 2^3$, $16 = 2^4$ を用いた。　◆

練習 1.6　次の式を簡単にせよ。

(1)　$\log_{27} 9$　　(2)　$\log_2 3 \cdot \log_3 4$

章　末　問　題

【1】 次の値を求めよ。

(1) $\sqrt[3]{3}\cdot\sqrt[3]{9}$

(2) $\log_3 6 - \log_9 12$

(3) $\sin\left(\dfrac{5\pi}{12}\right)$

(4) $\cos^{-1} 1$

(5) $\tan^{-1}\left(-\dfrac{1}{\sqrt{3}}\right)$

【2】 次の方程式を解け。ただし，(3), (4) では $0 \leqq x \leqq 2\pi$ とする。

(1) $\log_2 x + \log_2 (x+2) = 3$

(2) $(\log_3 x)^2 + \log_3 x^2 = 3$

(3) $\sin x = \cos 2x$

(4) $\sin x + \cos x = \dfrac{1}{\sqrt{2}}$

【3】 関数 $f(x) = \sin^{-1} x \cos^{-1} x$ $(-1 \leqq x \leqq 1)$ の最大値，最小値を求めよ。また，最大値，最小値を与える x の値を求めよ。

【4】 関数 $f(x) = \dfrac{2^x - 2^{-x}}{2}$ について，次の問に答えよ。

(1) 関数 $f(x)$ は単調増加であることを示せ。

(2) $y = f(x)$ を x について逆に解け（$x = g(y)$ の形で表せ）。

2 微分積分

微分積分は変化する量一般を扱うための計算技術である。微分積分の教科書の多くは，微分法を一通り学んだ後，積分法を学ぶ。しかし，歴史的には積分法の考え方のほうが微分法の考え方より古く，また微分と積分はある意味で逆の演算なので，並行して学べればもっと良いと考えていた。

今回，本書の執筆にあたって微分積分に割り当てたページ数が少ないこともあり，微分法と積分法をほぼ同時並行的に解説することにした。その結果，**合成関数の微分公式**（チェイン・ルール）の積分版が**積分変換公式**であり，**積の微分公式**（ライプニッツ・ルール）の積分版が**部分積分公式**であることを明確に読者に印象付けられることと思う。

微分積分は極限の概念をその基礎におく。本書では，極限を数学的に厳密に定義することはせず，直観的な取扱いにとどめた。また，微分法と積分法の基本的な考え方を修得することを目標とし，個々の計算技術には深入りしなかった。ただ，約 20 年前から高等学校で教えられなくなった**微分方程式**については説明した。物理はもちろん，薬理学などの医療系から経済学などの社会科学まで，微分方程式の取扱いには慣れておいたほうがよいと考えたからである。

本章で学ぶ内容は，第 4 章と第 5 章で連続変数の確率分布を考えるときに必要となる。その際重要なのが，計算技術の詳細より微分法と積分法の考え方である。その意味でも微分積分の基本的な考え方を身に付けることは重要である。

微分積分の創始者の一人は，古典力学の創始者でもあるアイザック・ニュートンである。すなわち，微分積分も対数の発見と同様，近代科学の成立に果たした役割は大きいのである。

2.1　微分法の考え方

この節では，微分法の基本的な考え方を学ぶ。

定義 2.1　(平均変化率)　関数 $y = f(x)$ において，x の値が a から b まで変化するとき，x の変化量を $\Delta x = b - a$，y の変化量を $\Delta y = f(b) - f(a)$ と記すことにする。このとき

$$\frac{\Delta y}{\Delta x} = \frac{f(b) - f(a)}{b - a} \tag{2.1}$$

を関数 $f(x)$ の $x = a$ から $x = b$ までの**平均変化率**という。

例 2.1　2 次関数 $f(x) = x^2$ の $x = 1$ から $x = b$ までの平均変化率は

$$\frac{\Delta y}{\Delta x} = \frac{f(b) - f(1)}{b - 1} = \frac{b^2 - 1}{b - 1} = \frac{(b-1)(b+1)}{b - 1} = b + 1 \tag{2.2}$$

である。また，$f(x)$ の $x = a$ から $x = b$ までの平均変化率は

$$\frac{\Delta y}{\Delta x} = \frac{f(b) - f(a)}{b - a} = \frac{b^2 - a^2}{b - a} = \frac{(b-a)(b+a)}{b - a} = b + a \tag{2.3}$$

である。

式 (2.2) において，b の値を 1 に限りなく近づける極限を考えることがある。これを

$$\lim_{b \to 1} \frac{\Delta y}{\Delta x} = \lim_{b \to 1} (b + 1) = 2 \tag{2.4}$$

と記す。また，式 (2.3) において，b の値を a に限りなく近づける極限を考えることがある。これを

$$\lim_{b \to a} \frac{\Delta y}{\Delta x} = \lim_{b \to a} (b + a) = 2a \tag{2.5}$$

と記す。

定義 2.2 (**微分係数と導関数**) 関数 $f(x)$ の $x=a$ から $x=b$ までの平均変化率（式 (2.1)）が，b の値を a に限りなく近づけるときある一定の値に限りなく近づくならば，その極限値を $f'(a)$ と記し，関数 $f(x)$ の $x=a$ における**微分係数**（differential coefficient）という。

また，$x=a$ に対して，関数 $f(x)$ の $x=a$ における微分係数 $f'(a)$ を対応させる関数を $f(x)$ の**導関数**（derivative）といい，$f'(x)$ と記す。

注意 2.1 一般に，関数 $f(x)$ の $x=a$ における微分係数は，$y=f(x)$ のグラフ上の点 $(a, f(a))$ における接線の傾きに等しい。

例 2.2 2 次関数 $f(x)=x^2$ の $x=1$ における微分係数は，式 (2.4) より $f'(1)=2$ である。同様にして，$f(x)$ の $x=a$ における微分係数は，式 (2.5) より $f'(a)=2a$ である。

ここで，a を変数とみなすことにより，$f(x)$ の導関数は $f'(x)=2x$ で与えられる。このことをしばしば

$$(x^2)'=2x \tag{2.6}$$

と表すことがある。

次の重要な極限公式を証明なしに使うことにする。

定理 2.1 次の極限公式が成り立つ。

$$\lim_{x\to 0}\frac{\sin x}{x}=1 \tag{2.7 a}$$

$$\lim_{h\to 0}(1+h)^{\frac{1}{h}}=e=2.718281828459\cdots \tag{2.7 b}$$

注意 2.2 式 (2.7 b) の極限値 e を**ネイピア**（Napier）**の数**という。e を底とする対数 $\log_e x$ を単に $\log x$ と記し，自然対数という。

定理 2.1 の簡単な解説　円周率とは，幾何学的には円周の長さと直径との比のことである。直径 1 の円に内接する正 N 角形の N 辺の長さの和を l_N するとき

$$l_N = N \sin \frac{\pi}{N} \tag{2.8}$$

の関係がある。円周の長さの定義により

$$\lim_{N \to \infty} l_N = \lim_{N \to \infty} N \sin \frac{\pi}{N} = \pi$$

が成り立つ（**図 2.1**）。この極限で，$x = \pi/N$ とおいてみると

$$\lim_{x \to 0} \frac{\pi}{x} \sin x = \pi \tag{2.9}$$

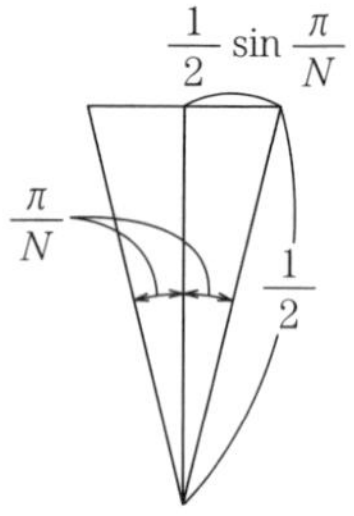

図 **2.1**　正 N 角形の 1 辺

を意味する。ここで，$N = \pi/x$ であることと，$N \to \infty \Longleftrightarrow x \to 0$ を用いた[†1]。式 (2.9) を整理すると，式 (2.7 a) となる。

次に，式 (2.7 b) についてであるが，まず次の数列

$$a_n = \left(1 + \frac{1}{n}\right)^n$$

を考える。$a_1 = 2$, $a_2 = 9/4 = 2.25$, $a_3 = 64/27 = 2.37037\cdots$, $\cdots$ のように数列 $\{a_n\}$ は単調増加であることが証明できる。さらに $a_n < 3$ であることも証明できる。つまり

$$a_1 < a_2 < a_3 < \cdots < a_n < a_{n+1} < \cdots < 3 \tag{2.10}$$

が成り立っている。数列が単調増加であり，しかも 3 より小さいことから a_n の値は n が大きいときに頭打ちになっていなければならない。つまり n が限りなく大きくなる極限で収束する。この極限値を e とおくと

$$\lim_{n \to \infty} \left(1 + \frac{1}{n}\right)^n = e \tag{2.11}$$

である。式 (2.11) で $h = 1/n$ とおき，$n \to \infty \Longleftrightarrow h \to 0$ を用いると式 (2.7 b) を得る[†2]。　□

[†1] 実際は $N \to \infty$ であることと $x \to 0$ であることは同値ではないが，本書では厳密性を追究しないこととする。

[†2] 実際は $n \to \infty$ であることと $h \to 0$ であることは同値ではないが，ここでも厳密性を追究しないこととする。

例題 2.1　次の基本的な微分公式を証明せよ。

(1)　$(x^n)' = nx^{n-1} \quad (n = 0, 1, 2, 3, \cdots)$

(2)　$(\sin x)' = \cos x$

(3)　$(\cos x)' = -\sin x$

証明　(1)　$f(x) = x^n$ に対する**二項定理**†

$$f(x+h) = \sum_{r=0}^{n} {}_nC_r x^{n-r} h^r \tag{2.12}$$

を使うと，$g(x)$ をある多項式として

$$f(x+h) = x^n + nx^{n-1}h + g(x)h^2$$

と書ける。したがって

$$\frac{f(x+h) - f(x)}{h} = nx^{n-1} + g(x)h$$

より，$h \to 0$ の極限を取ることによって $f'(x) = nx^{n-1}$ を得る。

(2)　和・差を積に直す公式（例題 1.2(2)）により

$$\frac{\sin(x+h) - \sin x}{h} = \frac{2\cos(x+h/2)\sin(h/2)}{h} = \cos(x+h/2)\frac{\sin(h/2)}{h/2}$$

となって，$h \to 0$ の極限が取れ，$(\sin x)' = \cos x$ が従う。ここで，極限公式 (2.7 a) を用いた。

(3)　同様に和・差を積に直す公式（例題 1.2(4)）により

$$\frac{\cos(x+h) - \cos x}{h} = \frac{-2\sin(x+h/2)\sin(h/2)}{h} = -\sin(x+h/2)\frac{\sin(h/2)}{h/2}$$

となって，$h \to 0$ の極限が取れ，$(\cos x)' = -\sin x$ を得る。　□

練習 2.1　次の基本的な微分公式を証明せよ。

(4)　$(\log x)' = \dfrac{1}{x}$

(5)　$(e^x)' = e^x$

† 二項定理については，第 4 章の定理 4.2 で説明する。

2.2 積分法の考え方

この節では，積分法の基本的な考え方を学ぶ。

定義 2.3 (**定積分の定義**)　区間 $[a, b]$ を n 等分するとき，その分割幅は $\Delta x = (b-a)/n$ であり，k 番目の分割点は $x_k = a + k\Delta x \ (0 \leqq k \leqq n)$ である。関数 $f(x)$ に対し，次の積和

$$S_n = \sum_{k=1}^{n} f(x_k)\Delta x \tag{2.13}$$

の極限が存在するとき，$f(x)$ は $[a, b]$ 上可積分であるといい

$$\int_a^b f(x)dx = \lim_{n\to\infty} S_n \tag{2.14}$$

と記す。またこのとき，式 (2.14) の値を**定積分** (definite integral) という。

注意 2.3　区間 $[a, b]$ で $f(x) > 0$ のとき，式 (2.13) は図 **2.2** における短冊形の長方形の面積の和で，**リーマン** (Riemann) **和**と呼ばれる。区間 $[a, b]$ で $f(x)$ が連続関数ならば，分割幅を短くする極限 $n \to \infty$ で，式 (2.13) は $y = f(x)$ と x 軸，直線 $x = a$ と $x = b$ とで囲まれた領域の面積に収束することは直感的に了解されるであろう。

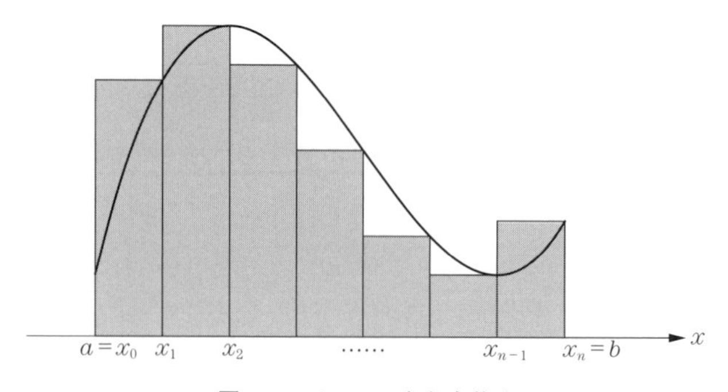

図 **2.2**　リーマン和と定積分

例 2.3 $a_n = n^2$, $b_n = \dfrac{n(n+1)(2n+1)}{6}$ とおくと

$$b_k - b_{k-1} = \frac{k(k+1)(2k+1)}{6} - \frac{(k-1)k(2k-1)}{6} = k^2 = a_k$$

が成り立つ。よって

$$\sum_{k=1}^{n} a_k = (b_1 - b_0) + (b_2 - b_1) + \cdots + (b_{n-1} - b_{n-2}) + (b_n - b_{n-1}) = b_n - b_0$$

と $b_0 = 0$ より

$$\sum_{k=1}^{n} k^2 = \frac{n(n+1)(2n+1)}{6} \tag{2.15}$$

が成り立つ。

例 2.4 放物線 $y = f(x) = x^2$ と x 軸，直線 $x = 1$ とで囲まれる部分の面積 S を求めてみよう。区間 $[0, 1]$ を n 等分すると，$\Delta x = 1/n$, $x_k = k\Delta x = k/n$ である。求めたい面積 S の近似として，次の S_n を計算する。

$$S_n = \sum_{k=1}^{n} f(x_k)\Delta x = \sum_{k=1}^{n} \left(\frac{k}{n}\right)^2 \frac{1}{n} = \frac{1}{n^3} \sum_{k=1}^{n} k^2 \tag{2.16}$$

ここで，式 (2.15) を式 (2.16) に代入すると

$$S_n = \frac{(n+1)(2n+1)}{6n^2} = \frac{1}{6}\frac{n+1}{n}\frac{2n+1}{n} = \frac{1}{6}\left(1 + \frac{1}{n}\right)\left(2 + \frac{1}{n}\right) \tag{2.17}$$

が成り立つ。式 (2.17) で，n を限りなく大きくすることにより

$$S = \lim_{n\to\infty} S_n = \frac{1}{3} \tag{2.18}$$

を得る。定義 2.3 に照らすと，式 (2.18) は

$$\int_0^1 x^2 dx = \frac{1}{3} \tag{2.19}$$

を意味する。

例 2.4 でみたように，定積分を定義どおりに計算するには式 (2.15) のような総和公式を導くことが必要で決してやさしくはない。以下では，積分法がある意味で微分法の逆演算であることを示す。

定義 2.4 （原始関数）　区間 $[a, b]$ で，関数 f が関数 F の導関数であるとき，区間 $[a, b]$ で，関数 F は関数 f の**原始関数**（primitive function）であるという。

注意 2.4　区間 $[a, b]$ で関数 f が連続関数ならば，区間 $[a, b]$ における原始関数が存在することがわかっている。

例 2.5　$f(x) = x^2$ に対して $F(x) = x^3/3$ は f の原始関数である。また，$F_1(x) = (x^3/3) + 1$ も $F_1' = f$ であるから f の原始関数である。一般に，F が f の原始関数であるとき，$F + C$ (C は定数) も f の原始関数となる。

定義 2.5 （不定積分）　$F'(x) = f(x)$ のとき，$f(x)$ の任意の原始関数は

$$F(x) + C \tag{2.20}$$

の形で表される。この表示を $f(x)$ の**不定積分**（indefinite integral）といい，$\int f(x)dx$ と記す。また，式 (2.20) の定数 C を**積分定数**という。

定理 2.2 （微分積分学の基本定理）　区間 $[a, b]$ 上で連続な関数 f の定積分は，関数 f の原始関数 F を用いて，次のように書くことができる。

$$\int_a^b f(x)dx = F(b) - F(a) =: [F(x)]_a^b \tag{2.21}$$

例題 2.2　定理 2.2 の連続関数 $f(x)$ が単調関数の場合について証明せよ。

証明　$f(x)$ が I 上単調増加とする（単調減少のときも同様に示される）。
$S(x) = \int_a^x f(t)dt$ とおくと，$h > 0,\ x \leqq t \leqq x + h$ のとき

$$f(x) \leqq f(t) \leqq f(x+h) \tag{2.22}$$

である。式 (2.22) を区間 $[x, x+h]$ で積分することにより

$$hf(x) \leqq \int_x^{x+h} f(t)dt = S(x+h) - S(x) \leqq hf(x+h) \tag{2.23}$$

を得る。よって

$$f(x) \leqq \frac{S(x+h) - S(x)}{h} \leqq f(x+h)$$

となる。同様の考察で，$h < 0$ のとき

$$f(x+h) \leqq \frac{S(x+h) - S(x)}{h} \leqq f(x)$$

が成り立つこととあわせ，次の極限式を得る。

$$S'(x) = \lim_{h \to 0} \frac{S(x+h) - S(x)}{h} = f(x) \tag{2.24}$$

S と F はともに区間 $[a, b]$ における f の原始関数であるから

$$S(x) = F(x) + C \tag{2.25}$$

と書ける。定義により，$S(a) = 0$ であるから，$C = S(a) - F(a) = -F(a)$ となる。これを式 (2.25) に代入して

$$S(x) = F(x) - F(a)$$

となる。よって次の式が成り立つ。

$$\int_a^b f(t)dt = S(b) = F(b) - F(a)$$ □

練習 2.2　例 2.5 と定理 2.2 を用いて，$\int_0^1 x^2 dx = \frac{1}{3}$ であることを示せ。

2.3　チェイン・ルールと積分変換公式

この節では**合成関数の微分公式**である**チェイン・ルール**（chain rule）について説明し，その積分版である**積分変換公式**について学ぶ。

定理 2.3　(**合成関数の微分公式**)　$t = g(x)$, $y = f(t) = f(g(x))$ のとき，次の式が成り立つ。

$$(f(g(x)))' = f'(g(x))g'(x) \tag{2.26}$$

注意 2.5　関数 $y = f(x)$ に対して

$$f'(x) = \frac{dy}{dx} \tag{2.27}$$

と記すことにすると，式 (2.26) は次のように書き直せる。

$$\frac{dy}{dx} = \frac{dy}{dt}\frac{dt}{dx} \tag{2.28}$$

式 (2.27) の右辺の記法を採用すると，式 (2.28) のように分数計算とほぼ同様の演算ができるので，微分積分の計算がたいへん見通しよくなる利点がある。

例 2.6　$y = \sin^2 x$ は，$t = g(x) = \sin x$，$y = f(t) = t^2$ とおくと，$y = f(g(x))$ である。よって，チェイン・ルール（定理 2.3）より

$$(\sin^2 x)' = f'(t)g'(x) = 2t \cdot \cos x = 2 \sin x \cos x (= \sin 2x)$$

を得る。また，$y = \sin(x^2)$ は，$t = f(x) = x^2$, $y = g(t) = \sin t$ とおくと，$y = g(f(x))$ である。よって

$$(\sin(x^2))' = g'(t)f'(x) = \cos t \cdot 2x = 2x \cos(x^2)$$

を得る。

定理 2.4　**(逆関数の微分公式)**　関数 $y = f^{-1}(x)$ は，$x = f(y)$ が微分可能のとき微分可能で，次の式が成り立つ。

$$(f^{-1}(x))' = \frac{1}{f'(y)} \qquad (\text{ただし，} f'(y) \neq 0) \tag{2.29}$$

注意 2.6　式 (2.27) の記法を用いると，式 (2.29) は

$$\frac{dy}{dx} = \frac{1}{(dx/dy)} \qquad \left(\text{ただし，} \frac{dx}{dy} \neq 0\right) \tag{2.30}$$

と書き直せる。

定理 2.5　**(積分変換公式)**　$x = g(t)$, $a = g(\alpha)$, $b = g(\beta)$ として，次の式が成り立つ。

$$\int_a^b f(x)dx = \int_\alpha^\beta f(g(t))g'(t)dt \tag{2.31}$$

証明　関数 f の $[a, x]$ 上の積分 $F(x) = \displaystyle\int_a^x f(t)dt$ は微分可能であり，$F'(x) = f(x)$ が成り立つことに注意する。

ここで，チェイン・ルール（定理 2.3）により

$$(F \circ g)'(t) = F'(g(t))g'(t) = f(g(t))g'(t)$$

が成り立つ。

よって

$$\begin{aligned}\int_\alpha^\beta f(g(t))g'(t)dt &= \int_\alpha^\beta (F \circ g)'(t)dt \\ &= [(F \circ g)(t)]_\alpha^\beta = F(g(\beta)) - F(g(\alpha)) \\ &= F(b) - F(a) = \int_a^b f(x)dx\end{aligned}$$

を得る。　□

注意 2.7　この公式は，$x = g(t)$, $dx = g'(t)dt$ と形式的に置き換えることによって自動的に得られる。これが式 (2.27) の記法の利点である。

例題 2.3　次の定理を証明せよ。

(1)　定理 2.3 と定理 2.4 を証明せよ。

(2)　次の逆三角関数の微分公式を証明せよ。

$$(\sin^{-1} x)' = \frac{1}{\sqrt{1-x^2}} \tag{2.32 a}$$

$$(\cos^{-1} x)' = -\frac{1}{\sqrt{1-x^2}} \tag{2.32 b}$$

証明　(1)　【定理 2.3】　簡単のため $g(x)$ は定数ではないと仮定する。$g(x) = u$, $g(x+h) = u + k$ とおくとき，$k = g(x+h) - g(x) \neq 0$ より

$$\begin{aligned}\frac{dy}{dx} &= \lim_{h\to 0} \frac{f(g(x+h)) - f(g(x))}{h} \\ &= \lim_{h\to 0} \frac{f(u+k) - f(u)}{k} \frac{g(x+h) - g(x)}{h} = \frac{dy}{du}\frac{du}{dx}\end{aligned}$$

となって，合成関数の微分公式（定理 2.3）が成り立つ。

【定理 2.4】　$f(y) = x$, $f(y+k) = x + h$ とおくと，$k \to 0$ のとき，$h \to 0$ である。逆関数の定義から，$y = f^{-1}(x)$, $y + k = f^{-1}(x+h)$ となるので

$$\begin{aligned}(f^{-1})'(x) &= \lim_{h\to 0} \frac{f^{-1}(x+h) - f^{-1}(x)}{h} \\ &= \lim_{k\to 0} \frac{k}{f(y+k) - f(y)} = \frac{1}{f'(y)}\end{aligned}$$

よって，逆関数の微分公式（定理 2.4）は証明された。

(2)　$y = \sin^{-1}x$ とおくと，$x = \sin y$ である。逆関数の微分公式により

$$(\sin^{-1}x)' = \frac{1}{(dx/dy)} = \frac{1}{\cos y}$$

逆正弦関数の定義により $-\pi/2 \leqq y \leqq \pi/2$ であるから，このとき $\cos y \geqq 0$ となる。よって，$\cos y = \sqrt{1 - \sin^2 y} = \sqrt{1-x^2}$ を代入して，式 (2.32 a) を得る。式 (2.32 b) も同様である。　□

練習 2.3　次の関数の導関数を求めよ。

(1)　$(x^2 - x + 1)^3$　　(2)　$\cos(2x - 3)$　　(3)　$\sin^{-1}(x^2)$

例題 2.4　定理 2.5 を用いて次の問に答えよ。

(1)　次の関数の原始関数を求めよ。

(1-1)　$(2x-3)^4$　　(1-2)　$\cos(3x+4)$

(2)　次の定積分の値を求めよ。

(2-1)　$\displaystyle\int_0^{2\pi} \sin x dx$　　(2-2)　$\displaystyle\int_0^{2\pi} \sin^2 x dx$

解答例　(1-1)　$2x-3=t$ とおくと，$x=\dfrac{t+3}{2}$ である。$dx=\dfrac{dx}{dt}dt=\dfrac{1}{2}dt$ より

$$\int (2x-3)^4 dx = \int t^4 \frac{1}{2} dt = \frac{1}{2}\frac{t^5}{5} + C = \frac{(2x-3)^5}{10} + C$$

(1-2)　$3x+4=t$ とおくと，$x=\dfrac{t-4}{3}$ である。$dx=\dfrac{dx}{dt}dt=\dfrac{1}{3}dt$ より

$$\int \cos(3x+4)dx = \int \cos t \frac{1}{3} dt = \frac{1}{3}\sin t + C = \frac{1}{3}\sin(3x+4) + C$$

(2-1)　これは基本的な定積分の問題であり，その結果は常識としたい。

$$\int_0^{2\pi} \sin x dx = [-\cos x]_0^{2\pi} = -\cos 2\pi + \cos 0 = -1 + 1 = 0$$

(2-2)　次の結果も常識としたい。式 (1.2 b) で $\alpha=\beta=x$ とおくと

$$\cos 2x = \cos^2 x - \sin^2 x = 1 - 2\sin^2 x$$

より，$\sin^2 x = (1-\cos 2x)/2$ が成り立つ。よって以下を得る。

$$\int_0^{2\pi} \sin^2 x dx = \int_0^{2\pi} \frac{1-\cos 2x}{2} dx = \left[\frac{x}{2} - \frac{\sin 2x}{4}\right]_0^{2\pi} = \pi$$ ◆

注意 2.8　例題 2.4 の (2-1) により，$\sin x$ の 1 周期（長さ 2π）にわたる積分は 0 であり，(2-2) により，$\sin^2 x$ の 1 周期にわたる積分は π（長さ 2π に対して），すなわち $\sin^2 x$ の「平均値」が 1/2 であることがわかる。

練習 2.4　次の定積分の値を求めよ。

(1)　$\displaystyle\int_0^1 e^{2x} dx$　　(2)　$\displaystyle\int_0^{\frac{a}{2}} \frac{dx}{\sqrt{a^2-x^2}}$　$(a>0)$

2.4　ライプニッツ・ルールと部分積分

この節では，**積の微分公式**である**ライプニッツ・ルール**（Leibniz rule）と，その積分版である**部分積分公式**を学ぶ。

定理 2.6　(四則演算と微分法)

(1)　$(kf(x))' = kf'(x)$　　(k は定数)

(2)　$(f(x) \pm g(x))' = f'(x) \pm g'(x)$　　(複号同順)

(3)　$(f(x)g(x))' = f'(x)g(x) + f(x)g'(x)$　　(ライプニッツ・ルール)

(4)　$\left(\dfrac{f(x)}{g(x)}\right)' = \dfrac{f'(x)g(x) - f(x)g'(x)}{g(x)^2}$　　($g(x) \neq 0$)

証明　(1), (2) は明らかなので省略する。

(3)　まず最初に，微分可能な関数は連続関数，すなわち，$f(x+h) \to f(x)$ $(h \to 0)$ であることに注意する。実際に

$$\lim_{h\to 0} f(x+h) = \lim_{h\to 0}\left(f(x) + h\frac{f(x+h) - f(x)}{h}\right)$$
$$= f(x) + 0 \cdot f'(x) = f(x)$$

となるからである。定義により

$$\lim_{h\to 0}\frac{f(x+h)g(x+h) - f(x)g(x)}{h}$$
$$= \lim_{h\to 0}\frac{(f(x+h) - f(x))g(x+h) + f(x)(g(x+h) - g(x))}{h}$$
$$= \lim_{h\to 0}\left(\frac{f(x+h) - f(x)}{h}g(x+h) + f(x)\frac{g(x+h) - g(x)}{h}\right)$$
$$= \lim_{h\to 0}\frac{f(x+h) - f(x)}{h} \cdot \lim_{h\to 0} g(x+h) + f(x) \cdot \lim_{h\to 0}\frac{g(x+h) - g(x)}{h}$$

となるから，$f(x)g(x)$ は微分可能であり

$$(f(x)g(x))' = f'(x)g(x) + f(x)g'(x)$$

が成り立つ。ここで，$g(x)$ が連続関数であることを用いた。

(4) $h(x) = f(x)/g(x)$ とおくと，$f(x) = g(x)h(x)$ である。$f(x)$ に対して (3) を適用して

$$f'(x) = (g(x)h(x))' = g'(x)h(x) + g(x)h'(x)$$

これを $h'(x)$ について解いて次の式が成り立つ。

$$\left(\frac{f(x)}{g(x)}\right)' = h'(x) = \frac{f'(x) - g'(x)h(x)}{g(x)} = \frac{f'(x)g(x) - f(x)g'(x)}{g(x)^2} \qquad \square$$

例 2.7 $f(x) = x\sin^{-1}x$ の導関数は，定理 2.6(3)（ライプニッツ・ルール）を用いて，次のようになる。

$$f'(x) = (x)'\sin^{-1}x + x(\sin^{-1}x)' = \sin^{-1}x + \frac{x}{\sqrt{1-x^2}}$$

定理 2.7 (部分積分公式) 関数 $f, g, f', g' : I = [a, b] \longrightarrow \mathbb{R}$ が I 上可積分のとき，次の式が成り立つ。

$$\int_a^b f'(x)g(x)dx = [f(x)g(x)]_a^b - \int_a^b f(x)g'(x)dx \tag{2.33}$$

証明 積の微分公式により

$$(fg)'(x) = f'(x)g(x) + f(x)g'(x) \tag{2.34}$$

が成り立つ。式 (2.34) の両辺を I で積分することにより式 (2.33) を得る。 □

例 2.8 $I = \displaystyle\int \log x dx = \int (x)' \log x dx$ より，次の結果を得る。

$$\begin{aligned} I &= x\log x - \int x(\log x)'dx = x\log x - \int x\frac{1}{x}dx \\ &= x\log x - x + C \end{aligned}$$

例題 2.5　次の基本的な微分公式を証明せよ。

$$(\tan x)' = \frac{1}{\cos^2 x} \tag{2.35 a}$$

$$(\tan^{-1} x)' = \frac{1}{1+x^2} \tag{2.35 b}$$

証明　式 (2.35 a)　　定理 2.6(4)（商の微分法）により

$$(\tan x)' = \left(\frac{\sin x}{\cos x}\right)' = \frac{(\sin x)'\cos x - \sin x(\cos x)'}{\cos^2 x} = \frac{\cos^2 x + \sin^2 x}{\cos^2 x}$$
$$= \frac{1}{\cos^2 x}$$

を得る。最後の等式で，$\cos^2 x + \sin^2 x = 1$ を用いた。

式 (2.35 b)　　$y = \tan^{-1} x$ とおくと，$x = \tan y$ である。逆関数の微分公式（定理 2.4）により

$$(\tan^{-1} x)' = \frac{1}{(dx/dy)}$$
$$= \frac{1}{1/\cos^2 y}$$

公式 $1/\cos^2 y = 1 + \tan^2 y = 1 + x^2$ を代入して，式 (2.35 b) を得る。　□

注意 2.9　ここまで例題 2.1，練習 2.1，例題 2.3，例題 2.5 において，計 9 個の基本的な微分公式を学んできた。このうち，三角関数と逆三角関数に関する微分公式は定着度が低い傾向にあるので，もう一度まとめておく。

$$(\sin x)' = \cos x, \quad (\cos x)' = -\sin x, \quad (\tan x)' = \frac{1}{\cos^2 x} \tag{2.36 a}$$

$$(\sin^{-1} x)' = \frac{1}{\sqrt{1-x^2}}, \quad (\cos^{-1} x)' = -\frac{1}{\sqrt{1-x^2}}, \quad (\tan^{-1} x)' = \frac{1}{1+x^2} \tag{2.36 b}$$

練習 2.5　関数 $f(x) = \log(\tan x)$ について，次の問に答えよ。

(1)　導関数 $f'(x)$ を求めよ。

(2)　$0 < x < \pi/2$ のとき，$f'(x)$ の最小値と最小値を与える x の値を求めよ。

例題 2.6 曲線 $C: y = \sin^{-1} x$ の $x = 1/2$ における接線 l（のうち $x \geqq 0$ の部分）と x 軸，および曲線 C で囲まれた部分の面積を求めよ。

解答例 まず，$x = 1/2$ における接線の方程式を求める。

$\sin^{-1}(1/2) = y$ とおくと，$\sin y = 1/2$ $(-\pi/2 \leqq y \leqq \pi/2)$ より，$y = \pi/6$

$(\sin^{-1} x)' = 1/\sqrt{1-x^2}$ より，$x = 1/2$ のとき，$y' = 1/\sqrt{1-(1/2)^2} = 2/\sqrt{3}$

求める接線の方程式は，$(1/2, \pi/6)$ を通り，傾きは $2/\sqrt{3}$ であるから

$$y = \frac{2}{\sqrt{3}}\left(x - \frac{1}{2}\right) + \frac{\pi}{6} = \frac{2}{\sqrt{3}}x - \frac{1}{\sqrt{3}} + \frac{\pi}{6} \tag{2.37}$$

この接線の式 (2.37) と x 軸との交点は，$2x/\sqrt{3} - 1/\sqrt{3} + \pi/6 = 0$ より

$$x = \frac{1}{2} - \frac{\sqrt{3}\pi}{12}$$

である。よって題意の面積は，図 **2.3** より

$$S = \int_0^{\frac{1}{2}} \sin^{-1} x dx - \frac{1}{2}\frac{\pi}{6}\frac{\sqrt{3}\pi}{12}$$

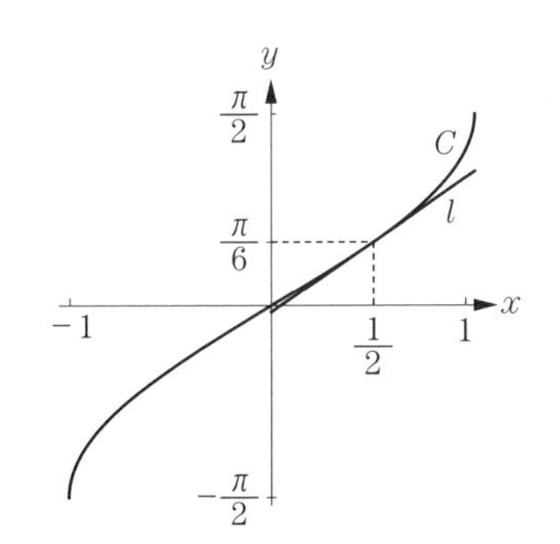

図 2.3 曲線 C と接線 l

ここで部分積分の結果

$$\int \sin^{-1} x dx = x \sin^{-1} x - \int \frac{x}{\sqrt{1-x^2}} dx$$

となるが，第 2 項で $1 - x^2 = t$ とおくと，$dt/dx = -2x$ より $xdx = -dt/2$ であるから

$$-\int \frac{x}{\sqrt{1-x^2}} dx = \int \frac{(dt/2)}{\sqrt{t}} = \sqrt{t} + C = \sqrt{1-x^2} + C$$

である。よって次の値を得る。

$$S = \left[x \sin^{-1} x + \sqrt{1-x^2}\right]_0^{\frac{1}{2}} - \frac{\sqrt{3}\pi^2}{144} = \frac{\pi}{12} + \frac{\sqrt{3}}{2} - 1 - \frac{\sqrt{3}\pi^2}{144} \qquad \blacklozenge$$

練習 2.6 次の関数の原始関数を求めよ。

(1) $x \cos x$ (2) $x^2 \log x$

2.5　微 分 方 程 式

微分方程式（differential equation）は多くの自然現象や社会現象を記述し，解析するための道具である。この節ではそのうち一階の常微分方程式，すなわち，$y' = dy/dx$ が x と y の関数として与えられている方程式について，その解法を簡単に説明する。

定義 2.6　次の形の一階の常微分方程式を**積分形**という。

$$y' = f(x) \tag{2.38}$$

また，次の形の一階の常微分方程式を**変数分離形**という。

$$\frac{dy}{dx} = f(x)g(y) \tag{2.39}$$

注意 2.10　積分形の微分方程式 (2.38) を解くには，$f(x)$ を積分すればよい。

$$y = \int f(x)dx \tag{2.40}$$

変数分離形の微分方程式 (2.39) を解くには，$g(y) \neq 0$ を仮定して

$$\frac{1}{g(y)}\frac{dy}{dx} = f(x) \tag{2.41}$$

両辺を x で積分しよう。左辺は積分変換公式 (2.31) を用いて

$$\int \frac{dy}{g(y)} = \int f(x)dx \tag{2.42}$$

を得る。$g(y) = 0$ の場合は式 (2.41) のように $g(y)$ を分母に持ってくることはできないので，別個に考えなければならない。いま，$y = y_0$ で $g(y) = 0$ とすると

$$y = y_0 \quad (\text{恒等的に})$$

が式 (2.39) の解である。

実際の解法については，例題 2.7 以下の具体例を通して説明する。

例題 2.7　次の微分方程式を解け。

(1)　$y' = x$　　(2)　$y' = y$

解答例　(1)　これは積分形である。y を求めるには，右辺を積分すればよく

$$y = \int x dx = \frac{x^2}{2} + C \quad (C\ は積分定数)$$

が解である。積分定数 C は，例えば $x = 0$ における y の値（これを初期条件という）がわかれば決定できる。

(2)　変数分離形である。$y \neq 0$ を仮定して

$$\frac{y'}{y} = 1$$

両辺を x で積分して

$$\int \frac{dy}{y} = \int dx$$

$$\log |y| = x + C \quad (C\ は積分定数)$$

を得る。よって

$$|y| = e^{x+C}$$

となる。ここで，$A = \pm e^C (\neq 0)$ とおくと

$$y = Ae^x \tag{2.43}$$

である。式 (2.43) の右辺は，$A = 0$ でない限り，0 にはならないから，確かに $y \neq 0$ という仮定に反していない。$A = 0$ のときは，$y = 0$ が解であるから，この場合も含めて一般解は式 (2.43) で与えられる。

また，式 (2.43) 以外に解が存在しないことは次のようにして示せる。$y = u(x)e^x$（$e^x \neq 0$ だから，つねにこうおける）とおくことにより

$$y' = u'(x)e^x + u(x)e^x = u(x)e^x$$

これより，$u'(x) = 0$ となることから $u = A$ (A は定数) が従う。　◆

練習 2.7　次の微分方程式を解け。

(1)　$y' = e^{3x}$　　(2)　$y' = xy^2$

2.6　一階線形常微分方程式

次に，一階線形常微分方程式を一般的に考えてみよう。

定理 2.8　一階線形常微分方程式

$$y' = P(x)y + Q(x) \tag{2.44}$$

の解は，次の式で与えられる。

$$y = e^{\int P(x)dx}\left(\int Q(x)e^{-\int P(x)dx}dx + C\right) \tag{2.45}$$

証明　まず，$Q(x) = 0$ のとき，式 (2.44) は変数分離形であるから

$$\int \frac{dy}{y} = \int P(x)dx$$

$$\log|y| = \int P(x)dx + c \quad (c\text{ は積分定数})$$

$$y = \pm e^{\int P(x)dx + c}$$

を得る。最後の式で，$A = \pm e^c$ とおくと，次の式を得る。

$$y = Ae^{\int P(x)dx} \tag{2.46}$$

次に，$Q(x) \neq 0$ の一般の場合は，式 (2.46) の定数 A を x の関数とみなして

$$y' = AP(x)e^{\int P(x)dx} + A'e^{\int P(x)dx} = P(x)y + Q(x)$$

となる。真ん中の辺と右辺のそれぞれ第 1 項は打ち消しあうから

$$A'e^{\int P(x)dx} = Q(x)$$

$$A = \int Q(x)e^{-\int P(x)dx}dx + C \quad (C\text{ は積分定数})$$

である。よって，式 (2.44) の一般解は次の式で与えられる。

$$y = e^{\int P(x)dx}\left(\int Q(x)e^{-\int P(x)dx}dx + C\right)$$

□

例題 2.8 次の微分方程式を解け。

(1) $y' = ky + x$ (2) $xy' + y = \cos x$

解答例 (1) 式 (2.44) の一般形で，$P(x) = k$, $Q(x) = x$ である。まず

$$e^{\int P(x)dx} = e^{\int k dx} = e^{kx}$$

である。ここで，積分定数は最後の $+C$ に吸収できるから省略した（以下同様）。よって，一般解は

$$y = e^{kx}\left(\int Q(x)e^{-kx}dx + C\right) = e^{kx}\left(\int xe^{-kx}dx + C\right)$$

である。ここで，部分積分を用いて

$$\int xe^{-kx}dx = x\left(-\frac{e^{-kx}}{k}\right) + \int (x)'\frac{e^{-kx}}{k}dx = -\frac{xe^{-kx}}{k} - \frac{e^{-kx}}{k^2}$$

より

$$y = e^{kx}\left(-\frac{xe^{-kx}}{k} - \frac{e^{-kx}}{k^2} + C\right) = -\frac{x}{k} - \frac{1}{k^2} + Ce^{kx}$$

を得る。

(2) この場合，$P(x) = -1/x$, $Q(x) = \cos x/x$ である。まず

$$e^{\int P(x)dx} = e^{-\int \frac{dx}{x}} = e^{-\log x} = \frac{1}{x}$$

である。ここで，$e^{\log x} = x$ である[†]ことを用いた。よって

$$\begin{aligned} y &= e^{-\log x}\left(\int \frac{\cos x}{x}e^{\log x}dx + C\right) \\ &= \frac{1}{x}\left(\int \cos x dx + C\right) \\ &= \frac{1}{x}(\sin x + C) \end{aligned}$$

を得る。 ◆

練習 2.8 次の微分方程式を解け。

(1) $y' = y + e^{2x}$ (2) $y' + y\cos x = \cos x$

† もしピンとこなければ，両辺の自然対数を取ってみるとよい。

章末問題

【1】 次の関数の導関数を求めよ。

(1) $(3x-4)^5$

(2) $\cos(x^2)$

(3) $e^{-x}\sin x$

(4) $\cos(\log x)\ (x>0)$

【2】 次の定積分を求めよ。

(1) $\displaystyle\int_0^1 x^3 dx$

(2) $\displaystyle\int_0^1 e^{-x} dx$

(3) $\displaystyle\int_0^1 \cos^{-1} x dx$

(4) $\displaystyle\int_1^e \frac{\log x}{x} dx$

【3】 次の微分方程式を解け。

(1) $y' = \tan x$

(2) $y' = -xy$

(3) $y' = e^{-x}\cos x$

(4) $y' = y + \cos x$

【4】 定積分 $I = \displaystyle\int_0^1 \sqrt{1-x^2} dx$ について，積分の意味を考えることにより $I = \pi/4$ であることを示せ。また，実際に積分を実行することによりこの結果を確認せよ。

3 線 形 代 数

三角形の3辺の長さや面積，温度，物体の質量やマラソンのタイムなどのように，大きさだけで表される量を**スカラー**という。一方，速度や力などのように，大きさと向きを持つ量を**ベクトル**という。

この章では，まず平面上の矢線ベクトルと，**和**，**スカラー倍**，**内積**などの演算を導入する。次に，矢線ベクトルの成分表示を導入し，幾何学的に定義された矢線ベクトルと，代数的に取り扱いやすい数ベクトルとの等価性を示す。空間においても，平面上の場合と同じようにベクトルを定義できる。空間のベクトルには，和，スカラー倍，内積以外に**外積**という新しい演算を定義できる。

次に，数を長方形状に並べた**行列**を導入する。行列は高等学校では学ばなかった数学的対象である。行列にも**和**，**スカラー倍**，**積**などの演算が定義できる。さらに，正方行列に対して，正則行列という基本的な概念を導入する。行列の応用の一つに，**連立1次方程式**がある。じつは，線形代数の理論は，連立1次方程式の解法を発展させる形で作られてきた。その意味で重要な応用例である。

一般の正方行列に対して定義できる**行列式**を，2次および3次正方行列の場合に定義する。そのうえで，行列式の幾何学的意味について示す。正方行列に対しては，その**固有値**，**固有ベクトル**を定義することができる。これらの概念を用いて，行列の対角化や標準化を行う。線形代数の一つのゴールであるジョルダン標準形については，証明は省略したうえでその計算手順を示した。

行列の対角化や標準化にはいくつかの応用がある。本書ではこのうち，Googleのページランク TM について述べる。数学は社会生活に大いに役立つ学問であるが，これはそのわかりやすい実例である。

3.1 平面のベクトル

平面上の平行移動で，点 A が点 B に移るとき，**図 3.1** のように線分 AB に矢印を付けて表すことがある。このような向きの付いた線分 AB を**有向線分** AB といい，A を**始点**，B を**終点**という。

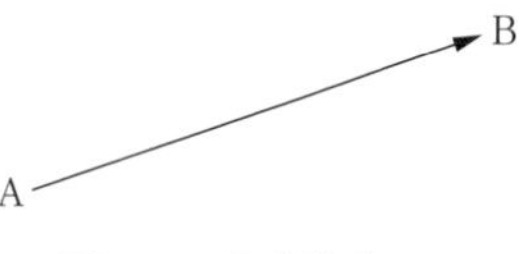

図 3.1　有向線分 AB

定義 3.1 （ベクトル）　平面上の有向線分の全体を考える。この中で，有向線分 AB と向きと長さが等しい有向線分全体の集合を，有向線分 AB の定める**矢線ベクトル**，あるいは単に**ベクトル**（vector）といい，$\overrightarrow{\mathrm{AB}}$ と記す。有向線分 AB の長さをベクトル $\overrightarrow{\mathrm{AB}}$ の大きさといい，$|\overrightarrow{\mathrm{AB}}|$ と記す。

定義 3.2 （ベクトルの相等）　A，B，C，D を平面上の 4 点とし，有向線分 AB と有向線分 CD の大きさと向きが相等しいとする（**図 3.2**）。

このとき，$\overrightarrow{\mathrm{AB}}$ と $\overrightarrow{\mathrm{CD}}$ は相等しいといい，$\overrightarrow{\mathrm{AB}} = \overrightarrow{\mathrm{CD}}$ と記す。

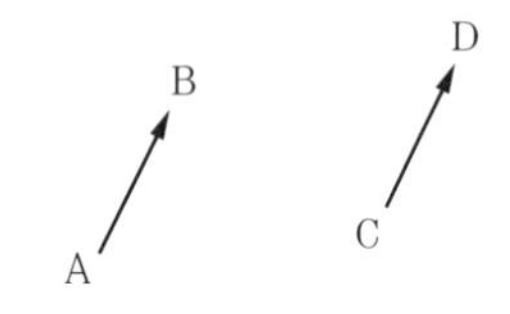

図 3.2　ベクトルの相等

注意 3.1　ベクトル $\overrightarrow{\mathrm{AB}}$ を，$\boldsymbol{a}$ のように，太字の小文字で表すことがある†。

点 A を平面上の任意の点とし，始点と終点をともに A にとったときの有向線分 AA の定めるベクトルを**零ベクトル**といい，$\mathbf{0}$ と記す。零ベクトル $\mathbf{0}$ の大きさは 0 であり，その向きは特定できない。

平面上の任意のベクトル $\boldsymbol{a}$ に対し，$\boldsymbol{a}$ と大きさが等しく，向きが逆のベクトルを $\boldsymbol{a}$ の**逆ベクトル**といい，$-\boldsymbol{a}$ と記す。

† ほかに，a, $\overrightarrow{a}$, $\mathbb{a}$, $\underline{a}$ などと記すことがある。特に手書きの場合，$\boldsymbol{a}$ のような太字は書きにくいので，$\mathbb{a}$ のような白抜き文字を使うことが多い。

定義 3.3 （ベクトルの加法） A, B, C を平面上の 3 点とし，$\boldsymbol{a} = \overrightarrow{\mathrm{AB}}$, $\boldsymbol{b} = \overrightarrow{\mathrm{BC}}$ のとき，$\boldsymbol{a} + \boldsymbol{b} = \overrightarrow{\mathrm{AC}}$ により二つのベクトル $\boldsymbol{a}$, $\boldsymbol{b}$ の和を定める。

注意 3.2 いま，$\boldsymbol{a} = \overrightarrow{\mathrm{AB}}$, $\boldsymbol{b} = \overrightarrow{\mathrm{B'C'}}$ とし，B′C′ を平行移動して BC となったとする。このとき，$\boldsymbol{b} = \overrightarrow{\mathrm{BC}}$ より，$\boldsymbol{a} + \boldsymbol{b} = \overrightarrow{\mathrm{AC}}$ となる（**図 3.3**）。

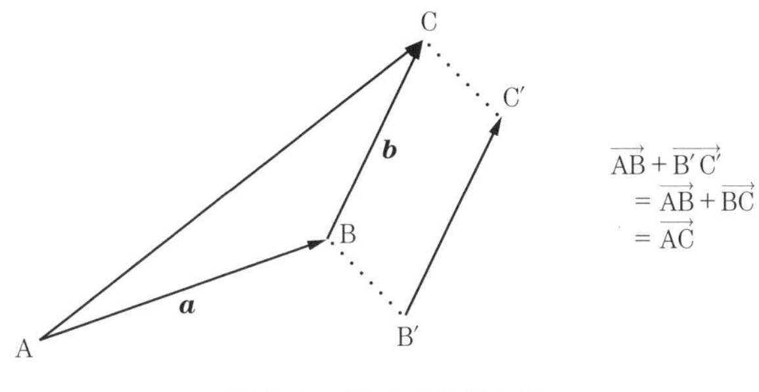

図 3.3 ベクトルの足し算

定義 3.4 （ベクトルの減法） 二つのベクトル $\boldsymbol{a}$, $\boldsymbol{b}$ の差 $\boldsymbol{a} - \boldsymbol{b}$ を $\boldsymbol{a}$ と $\boldsymbol{b}$ の逆ベクトル $-\boldsymbol{b}$ の和として定義する。

$$\boldsymbol{a} - \boldsymbol{b} = \boldsymbol{a} + (-\boldsymbol{b}) \tag{3.1}$$

定義 3.5 （ベクトルの実数（スカラー）倍） ベクトル $\boldsymbol{a}$ の c 倍 $c\boldsymbol{a}$ を

(1) $\boldsymbol{a} \neq \boldsymbol{0}$ のとき，$c > 0$ ならば $\boldsymbol{a}$ と同じ向き，$c < 0$ ならば $\boldsymbol{a}$ と逆向きで，大きさは $\boldsymbol{a}$ の $|c|$ 倍のベクトル，$c = 0$ ならば $c\boldsymbol{a} = \boldsymbol{0}$ と定義する。

(2) $\boldsymbol{a} = \boldsymbol{0}$ のとき，すべての実数 c に対して，$c\boldsymbol{a} = \boldsymbol{0}$ と定義する。

次に，平面上のベクトルの成分表示を考える。

定義 3.6 **(ベクトルの成分表示)**　平面上に xy 直交座標軸を一つとって固定する。この座標系の原点 O を始点とし，座標平面上の任意の点 A を終点とする有向線分 OA を考える。点 A の座標を (a_1, a_2) とするとき，有向線分 OA の定めるベクトル $\boldsymbol{a} = \overrightarrow{\mathrm{OA}}$ を

$$\boldsymbol{a} = \begin{bmatrix} a_1 \\ a_2 \end{bmatrix} \tag{3.2}$$

と記し，ベクトル $\boldsymbol{a}$ の与えられた座標軸に関する**成分表示**という。また，a_1 を $\boldsymbol{a}$ の x 成分，a_2 を $\boldsymbol{a}$ の y 成分という。

注意 3.3　零ベクトルの成分表示は次の式で与えられる。

$$\boldsymbol{0} = \begin{bmatrix} 0 \\ 0 \end{bmatrix} \tag{3.3}$$

ベクトル $\boldsymbol{a}$ の成分表示が式 (3.2) で与えられるとき，$\boldsymbol{a} = \overrightarrow{\mathrm{OA}}$ となる点 A の座標は (a_1, a_2) である。一方，点 A に対して原点 O に関し対称な点を A$'$ とするとき，定義により，$\overrightarrow{\mathrm{OA}'} = -\boldsymbol{a}$ である。よって次の成分表示が得られる。

$$-\boldsymbol{a} = \begin{bmatrix} -a_1 \\ -a_2 \end{bmatrix} \tag{3.4}$$

ベクトル $\boldsymbol{a} = \overrightarrow{\mathrm{OA}}$ の成分表示が式 (3.2) で与えられるとき，その**ベクトルの大きさ** $|\boldsymbol{a}|$ を次式により定める。

$$|\boldsymbol{a}| = \mathrm{OA} = \sqrt{{a_1}^2 + {a_2}^2}$$

定理 3.1　ベクトルの和，差，実数倍は，ベクトルの成分表示では次の式で与えられる。

$$\begin{bmatrix} a_1 \\ a_2 \end{bmatrix} \pm \begin{bmatrix} b_1 \\ b_2 \end{bmatrix} = \begin{bmatrix} a_1 \pm b_1 \\ a_2 \pm b_2 \end{bmatrix}, \quad c\begin{bmatrix} a_1 \\ a_2 \end{bmatrix} = \begin{bmatrix} ca_1 \\ ca_2 \end{bmatrix} \tag{3.5}$$

証明　図 **3.4** で，点 A の座標を (a_1, a_2)，点 B の座標を (b_1, b_2)，四角形 OACB を平行四辺形とする。$\overrightarrow{\mathrm{OB}} = \overrightarrow{\mathrm{AC}}$ より，OB=AC, OB//AC である。したがって，点 C は点 A を x 方向に b_1，y 方向に b_2 平行移動した点であるから，点 C の座標は $(a_1 + b_1, a_2 + b_2)$ である。よって，$\boldsymbol{a} = \overrightarrow{\mathrm{OA}}$，$\boldsymbol{b} = \overrightarrow{\mathrm{OB}}$ のとき，$\boldsymbol{a} + \boldsymbol{b} = \overrightarrow{\mathrm{OA}} + \overrightarrow{\mathrm{AC}} = \overrightarrow{\mathrm{OC}}$ より

$$\begin{bmatrix} a_1 \\ a_2 \end{bmatrix} + \begin{bmatrix} b_1 \\ b_2 \end{bmatrix} = \begin{bmatrix} a_1 + b_1 \\ a_2 + b_2 \end{bmatrix} \tag{3.6}$$

となる。また，$\boldsymbol{a} - \boldsymbol{b} = \boldsymbol{a} + (-\boldsymbol{b})$ より次の式が成り立つ。

$$\begin{bmatrix} a_1 \\ a_2 \end{bmatrix} - \begin{bmatrix} b_1 \\ b_2 \end{bmatrix} = \begin{bmatrix} a_1 \\ a_2 \end{bmatrix} + \begin{bmatrix} -b_1 \\ -b_2 \end{bmatrix} = \begin{bmatrix} a_1 - b_1 \\ a_2 - b_2 \end{bmatrix} \tag{3.7}$$

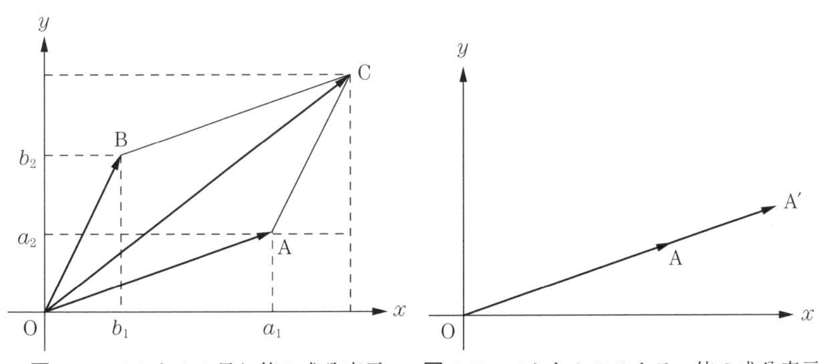

図 **3.4**　ベクトルの足し算の成分表示　　図 **3.5**　ベクトルのスカラー倍の成分表示

次に，図 **3.5** で，$\overrightarrow{\mathrm{OA'}} = c\overrightarrow{\mathrm{OA}}$ のとき，点 A の座標が (a_1, a_2) ならば点 A′ の座標は (ca_1, ca_2) である。よって，ベクトルのスカラー倍を成分表示すると

$$c\begin{bmatrix} a_1 \\ a_2 \end{bmatrix} = \begin{bmatrix} ca_1 \\ ca_2 \end{bmatrix} \tag{3.8}$$

と表される。式 (3.6)～式 (3.8) を合わせて，式 (3.5) を得る。　□

例 3.1　$\boldsymbol{a} = \begin{bmatrix} 2 \\ 1 \end{bmatrix}, \boldsymbol{b} = \begin{bmatrix} -1 \\ 5 \end{bmatrix}$ のとき $3\boldsymbol{a} - 2\boldsymbol{b} = 3\begin{bmatrix} 2 \\ 1 \end{bmatrix} - 2\begin{bmatrix} -1 \\ 5 \end{bmatrix} = \begin{bmatrix} 8 \\ -7 \end{bmatrix}$

例題 3.1　O を中心とする半径 1 の円に内接する正五角形 ABCDE がある（図 **3.6**）。このとき

$$\overrightarrow{\mathrm{OA}}+\overrightarrow{\mathrm{OB}}+\overrightarrow{\mathrm{OC}}+\overrightarrow{\mathrm{OD}}+\overrightarrow{\mathrm{OE}}=\mathbf{0} \tag{3.9}$$

が成り立つことを示せ。

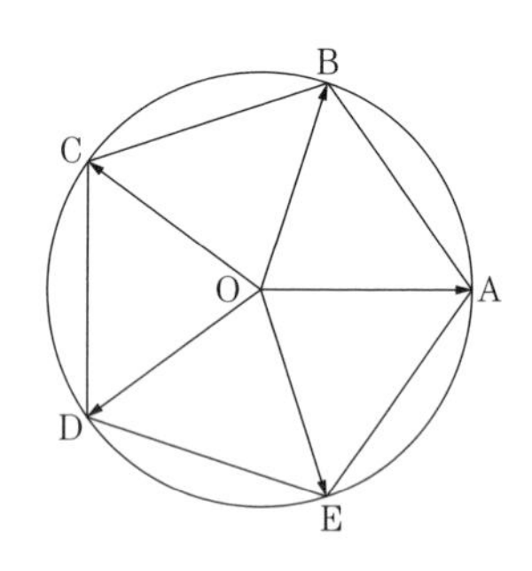

図 3.6　円 O と正五角形 ABCDE

証明　式 (3.6) の上 2 行で説明したように，$\overrightarrow{\mathrm{OB}}+\overrightarrow{\mathrm{OE}}=\overrightarrow{\mathrm{OP}}$ が成り立つとき，四角形 OBPE は平行四辺形となる。

いま，正五角形 ABCDE は OA に関して線対称（図 3.6）なので，$\overrightarrow{\mathrm{OB}}+\overrightarrow{\mathrm{OE}}=\overrightarrow{\mathrm{OP}}$ とおくと，$\overrightarrow{\mathrm{OP}}=c\overrightarrow{\mathrm{OA}}$ とおける。同様にして，$\overrightarrow{\mathrm{OC}}+\overrightarrow{\mathrm{OD}}=\overrightarrow{\mathrm{OQ}}$ とおくと，$\overrightarrow{\mathrm{OQ}}=d\overrightarrow{\mathrm{OA}}$ とおける。よって，$1+c+d=k$ とおくと

$$(3.9) \text{ の左辺} = \overrightarrow{\mathrm{OA}}+(\overrightarrow{\mathrm{OB}}+\overrightarrow{\mathrm{OE}})+(\overrightarrow{\mathrm{OC}}+\overrightarrow{\mathrm{OD}})=k\overrightarrow{\mathrm{OA}} \tag{3.10}$$

が成り立つ。

正五角形 ABCDE は OB に関しても線対称なので，いまの議論を繰り返すことにより

$$(3.9) \text{ の左辺} = l\overrightarrow{\mathrm{OB}} \tag{3.11}$$

が成り立つ。

式 (3.10)，式 (3.11) より $k\overrightarrow{\mathrm{OA}}=l\overrightarrow{\mathrm{OB}}$ が成り立つ。いまもし，$k\neq 0$ なら

$$\overrightarrow{\mathrm{OA}}=\frac{l}{k}\overrightarrow{\mathrm{OB}}$$

となって，ベクトルの定数倍の定義より OA//OB でなければならない。これは $\angle\mathrm{AOB}=2\pi/5\ (=72^\circ)$ であることに矛盾する。よって，$k=0$ となり，式 (3.9) が従う。　□

練習 3.1　例題 3.1 を，ベクトルの成分表示を用いて証明せよ。

例題 3.2 $\boldsymbol{a} = \begin{bmatrix} 2 \\ 3 \end{bmatrix}, \boldsymbol{b} = \begin{bmatrix} 1 \\ 2 \end{bmatrix}$ のとき，次の問に答えよ。

(1) $\boldsymbol{c} = \begin{bmatrix} 7 \\ 2 \end{bmatrix}$ のとき，$\boldsymbol{c} = s\boldsymbol{a} + t\boldsymbol{b}$ をみたす実数 s, t を求めよ。

(2) 平面上の任意のベクトル $\boldsymbol{x}$ に対して，$\boldsymbol{x} = p\boldsymbol{a} + q\boldsymbol{b}$ をみたす実数 p, q が存在することを示せ。

解答例 (1) $s\boldsymbol{a} + t\boldsymbol{b} = \boldsymbol{c}$ を成分表示して

$$s\begin{bmatrix} 2 \\ 3 \end{bmatrix} + t\begin{bmatrix} 1 \\ 2 \end{bmatrix} = \begin{bmatrix} 2s + t \\ 3s + 2t \end{bmatrix} = \begin{bmatrix} 7 \\ 2 \end{bmatrix}$$

より

$$2s + t = 7 \tag{3.12 a}$$

$$3s + 2t = 2 \tag{3.12 b}$$

が成り立つ。

式 (3.12 a) の 2 倍から式 (3.12 b) を引くと $s = 12$, これを式 (3.12 a) に代入して $t = -17$ を得る。$(s, t) = (12, -17)$ は題意をみたすので，これが求める解である。 ◆

証明 (2) $\boldsymbol{x} = \begin{bmatrix} x \\ y \end{bmatrix}$ とおくと，(1) と同様の計算より

$$2p + q = x \tag{3.13 a}$$

$$3p + 2q = y \tag{3.13 b}$$

が成り立つ。

式 (3.13 a) の 2 倍から式 (3.13 b) を引くと $p = 2x - y$, これを式 (3.13 a) に代入して $q = -3x + 2y$ を得る。$(p, q) = (2x - y, -3x + 2y)$ は $\boldsymbol{x} = p\boldsymbol{a} + q\boldsymbol{b}$ をみたすので，題意は示された。 □

練習 3.2 $\boldsymbol{a} = \begin{bmatrix} 1 \\ 3 \end{bmatrix}, \boldsymbol{b} = \begin{bmatrix} -2 \\ 1 \end{bmatrix}, \boldsymbol{c} = \begin{bmatrix} -1 \\ 11 \end{bmatrix}$ のとき，$\boldsymbol{c} = s\boldsymbol{a} + t\boldsymbol{b}$ をみたす実数 s, t を求めよ。

3.2　ベクトルの内積

次に，平面ベクトルの**内積**（inner product）を定義しよう。

定義 3.7（ベクトルのなす角）　二つの $\mathbf{0}$ に等しくないベクトル $\boldsymbol{a}, \boldsymbol{b}$ が，$\boldsymbol{a} = \overrightarrow{\mathrm{OA}}, \boldsymbol{b} = \overrightarrow{\mathrm{OB}}$ であるとき，半直線 OA と OB のなす角のうち，大きくないほうを，$\boldsymbol{a}$ と $\boldsymbol{b}$ のなす角という（図 **3.7**）。

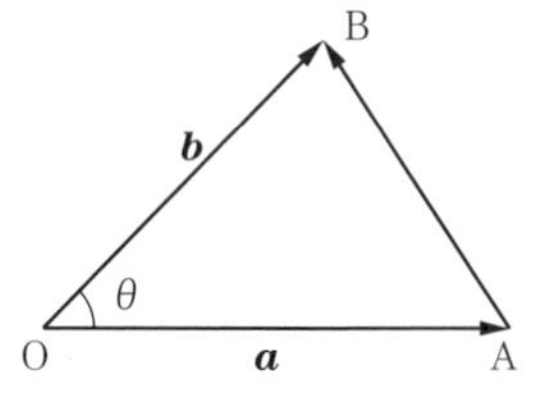

図 **3.7**　ベクトルのなす角

注意 3.4　図 3.7 で，ベクトル $\boldsymbol{a}$ と $\boldsymbol{b}$ のなす角は $\angle$AOB$= \theta$ である。$\theta = 0, \pi$ のとき，$\boldsymbol{a}$ と $\boldsymbol{b}$ は平行であるといい，$\boldsymbol{a} /\!/ \boldsymbol{b}$ と記す。特に $\theta = 0$ のとき，$\boldsymbol{a}$ と $\boldsymbol{b}$ は同じ向き，$\theta = \pi$ のとき，$\boldsymbol{a}$ と $\boldsymbol{b}$ は逆向きであるという。$\theta = \pi/2$ のとき，$\boldsymbol{a}$ と $\boldsymbol{b}$ は直交しているといい，$\boldsymbol{a} \perp \boldsymbol{b}$ と記す。

定義 3.8（ベクトルの内積）　平面上の $\mathbf{0}$ に等しくない二つのベクトル $\boldsymbol{a}$，$\boldsymbol{b}$ の内積 $\boldsymbol{a} \cdot \boldsymbol{b}$ を，$\boldsymbol{a}$ と $\boldsymbol{b}$ のなす角を θ として

$$\boldsymbol{a} \cdot \boldsymbol{b} = |\boldsymbol{a}||\boldsymbol{b}| \cos\theta \tag{3.14}$$

により定める。また，$\boldsymbol{a} = \mathbf{0}$ または $\boldsymbol{b} = \mathbf{0}$ のとき，$\boldsymbol{a} \cdot \boldsymbol{b} = 0$ と定義する。

命題 3.2　$\boldsymbol{a} = \overrightarrow{\mathrm{OA}} = \begin{bmatrix} a_1 \\ a_2 \end{bmatrix}$，$\boldsymbol{b} = \overrightarrow{\mathrm{OB}} = \begin{bmatrix} b_1 \\ b_2 \end{bmatrix}$ と成分表示されるとき，これら二つのベクトル $\boldsymbol{a}$，$\boldsymbol{b}$ の内積は，次の式で与えられる。

$$\boldsymbol{a} \cdot \boldsymbol{b} \;=\; a_1 b_1 + a_2 b_2 \tag{3.15}$$

例題 3.3 命題 3.2 を証明せよ。

証明 図 3.7 の三角形 OAB に余弦定理を適用することにより，$\angle \mathrm{AOB} = \theta$ として

$$\mathrm{AB}^2 = \mathrm{OA}^2 + \mathrm{OB}^2 - 2\mathrm{OA} \cdot \mathrm{OB} \cos\theta$$

すなわち

$$|\boldsymbol{b} - \boldsymbol{a}|^2 = |\boldsymbol{a}|^2 + |\boldsymbol{b}|^2 - 2\boldsymbol{a} \cdot \boldsymbol{b}$$

である。これを解いて

$$\boldsymbol{a} \cdot \boldsymbol{b} = \frac{1}{2}\left(|\boldsymbol{a}|^2 + |\boldsymbol{b}|^2 - |\boldsymbol{b} - \boldsymbol{a}|^2\right)$$

となる。ここで，$\boldsymbol{a} = \overrightarrow{\mathrm{OA}} = \begin{bmatrix} a_1 \\ a_2 \end{bmatrix}$，$\boldsymbol{b} = \overrightarrow{\mathrm{OB}} = \begin{bmatrix} b_1 \\ b_2 \end{bmatrix}$ を代入すると，$\boldsymbol{b} - \boldsymbol{a} = \begin{bmatrix} b_1 - a_1 \\ b_2 - a_2 \end{bmatrix}$ より

$$\begin{aligned} \boldsymbol{a} \cdot \boldsymbol{b} &= \frac{1}{2}\left\{({a_1}^2 + {a_2}^2) + ({b_1}^2 + {b_2}^2) - [(b_1 - a_1)^2 + (b_2 - a_2)^2]\right\} \\ &= a_1 b_1 + a_2 b_2 \end{aligned}$$

となって，式 (3.15) を得る。 □

注意 3.5 $\boldsymbol{a}, \boldsymbol{b} \neq \boldsymbol{0}$ のとき，$\boldsymbol{a}$ と $\boldsymbol{b}$ のなす角を θ として

$$\boldsymbol{a} \cdot \boldsymbol{b} = 0 \iff \cos\theta = 0 \iff \theta = \frac{\pi}{2}$$

より，$\boldsymbol{a} \cdot \boldsymbol{b} = 0$ ならば二つのベクトル $\boldsymbol{a}$ と $\boldsymbol{b}$ は直交している。

練習 3.3 平面上のベクトル $\boldsymbol{a} = \begin{bmatrix} 1 \\ 3 \end{bmatrix}$，$\boldsymbol{b} = \begin{bmatrix} 1 \\ -2 \end{bmatrix}$ に対し，次の問に答えよ。

(1) 内積 $\boldsymbol{a} \cdot \boldsymbol{b}$ を求めよ。また，$\boldsymbol{a}$，$\boldsymbol{b}$ のなす角を求めよ。

(2) $\boldsymbol{a} = \overrightarrow{\mathrm{OA}}$，$\boldsymbol{b} = \overrightarrow{\mathrm{OB}}$ とおくとき，三角形 OAB の面積を求めよ。

(3) $\boldsymbol{p} = \boldsymbol{a} + t\boldsymbol{b}$ とおくとき，ベクトル $\boldsymbol{p}$ の大きさ $|\boldsymbol{p}|$ が最小となる t の値を求めよ。また，このとき $\boldsymbol{p} \perp \boldsymbol{b}$ が成り立つことを示せ。

3.3　空間のベクトル

本節では，3 次元空間のベクトルを導入する。

定義 3.9　(空間のベクトル)　3 次元空間内に 2 点 A，B がある。3 次元空間内の有向線分の中で，有向線分 AB と向きと長さの等しい有向線分の集合を，有向線分 AB の定めるベクトル (vector) といい，$\overrightarrow{\mathrm{AB}}$ と記す。有向線分 AB の長さをベクトル $\overrightarrow{\mathrm{AB}}$ の大きさといい，$|\overrightarrow{\mathrm{AB}}|$ と記す。

次に，空間のベクトルの成分表示を考える。

定義 3.10　(空間ベクトルの成分表示)　3 次元空間内に右手系†の直交座標軸を一つ固定する (図 **3.8**)。空間内のベクトル $\boldsymbol{a}$ の始点を座標原点 O にとったときの $\boldsymbol{a}$ の終点が $\mathrm{A}(a_1, a_2, a_3)$ であるとき

$$\boldsymbol{a} = \begin{bmatrix} a_1 \\ a_2 \\ a_3 \end{bmatrix} \tag{3.16}$$

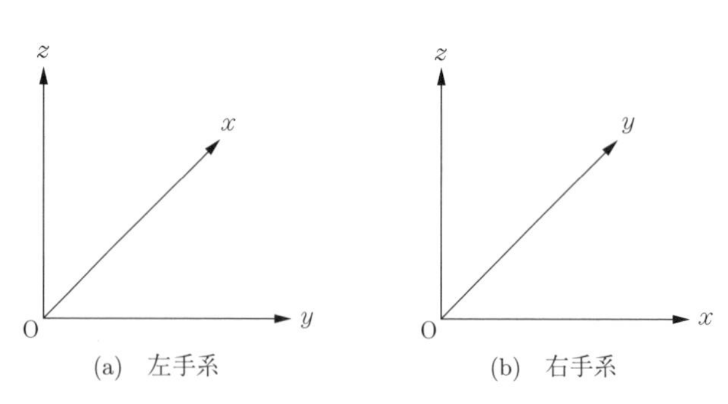

図 **3.8**　直交座標系

† 右手系とは，$+x$ 軸から $+y$ 軸の向きに右ネジを回すときに右ネジが進む向きと $+z$ 軸の向きと一致する座標系を指す。

と記す。これをベクトル $\boldsymbol{a}$ の**成分表示**といい，a_1, a_2, a_3 をそれぞれ，ベクトル $\boldsymbol{a}$ の x 成分，y 成分，z 成分という。

注意 3.6 式 (3.16) のベクトルの大きさは次の式で与えられる。

$$|\boldsymbol{a}| = \sqrt{{a_1}^2 + {a_2}^2 + {a_3}^2} \tag{3.17}$$

空間内のベクトルの始点と終点が一致しているベクトル

$$\boldsymbol{0} = \begin{bmatrix} 0 \\ 0 \\ 0 \end{bmatrix} \tag{3.18}$$

を**零ベクトル**といい，$\boldsymbol{0}$ と記す。

空間ベクトルの加法・減法・実数倍も，平面上のベクトルのそれらと同様に定義できる。さらに，平面上のベクトルの場合と同様に，空間におけるベクトルの内積も定義できる。

定義 3.11 (空間ベクトルの内積) 3 次元空間内の $\boldsymbol{0}$ に等しくない二つのベクトル $\boldsymbol{a}, \boldsymbol{b}$ の内積 $\boldsymbol{a} \cdot \boldsymbol{b}$ を，$\boldsymbol{a}$ と $\boldsymbol{b}$ のなす角を θ として

$$\boldsymbol{a} \cdot \boldsymbol{b} = |\boldsymbol{a}||\boldsymbol{b}| \cos\theta \tag{3.19}$$

により定める。また，$\boldsymbol{a} = \boldsymbol{0}$ または $\boldsymbol{b} = \boldsymbol{0}$ のとき，$\boldsymbol{a} \cdot \boldsymbol{b} = 0$ と定義する。

成分表示したときの空間のベクトルの各種演算は次のように書ける。

命題 3.3 $\boldsymbol{a} = \begin{bmatrix} a_1 \\ a_2 \\ a_3 \end{bmatrix}$，$\boldsymbol{b} = \begin{bmatrix} b_1 \\ b_2 \\ b_3 \end{bmatrix}$ と成分表示したとき次の式が成り立つ。

$$\boldsymbol{a} \pm \boldsymbol{b} = \begin{bmatrix} a_1 \pm b_1 \\ a_2 \pm b_2 \\ a_3 \pm b_3 \end{bmatrix}, \quad c\boldsymbol{a} = \begin{bmatrix} ca_1 \\ ca_2 \\ ca_3 \end{bmatrix}, \quad \boldsymbol{a} \cdot \boldsymbol{b} = a_1b_1 + a_2b_2 + a_3b_3 \tag{3.20}$$

3 次元空間の二つのベクトルの間に，**外積**と呼ばれる演算を定義できる。

定義 3.12 (ベクトルの外積)　二つの空間ベクトル $\boldsymbol{a} = \begin{bmatrix} a_1 \\ a_2 \\ a_3 \end{bmatrix}, \boldsymbol{b} = \begin{bmatrix} b_1 \\ b_2 \\ b_3 \end{bmatrix}$ の**外積** (outer product) を次の式で定義する。

$$\boldsymbol{a} \times \boldsymbol{b} = \begin{bmatrix} a_2 b_3 - a_3 b_2 \\ a_3 b_1 - a_1 b_3 \\ a_1 b_2 - a_2 b_1 \end{bmatrix} \tag{3.21}$$

次に，ベクトルの外積の幾何学的性質について述べる。

命題 3.4　次の (1)〜(3) が成り立つ。

(1) 外積 $\boldsymbol{a} \times \boldsymbol{b}$ は，$\boldsymbol{a}$，$\boldsymbol{b}$ にともに垂直である。

(2) 外積 $\boldsymbol{a} \times \boldsymbol{b}$ の大きさは，$\boldsymbol{a}$，$\boldsymbol{b}$ を隣り合う 2 辺とする平行四辺形の面積に等しい。

(3) ベクトル $\boldsymbol{a}, \boldsymbol{b}, \boldsymbol{c}$ を隣り合う 3 辺とする平行六面体の体積 V は，$|(\boldsymbol{a} \times \boldsymbol{b}) \cdot \boldsymbol{c}|$ に等しい。

注意 3.7　$\boldsymbol{a} \neq \boldsymbol{0}, \boldsymbol{b} \neq \boldsymbol{0}$ のとき，外積 $\boldsymbol{a} \times \boldsymbol{b}$ は，その大きさが $\boldsymbol{a}, \boldsymbol{b}$ を隣り合う 2 辺とする平行四辺形の面積 S に等しく，$\boldsymbol{a}$ と $\boldsymbol{b}$ に垂直で，$\boldsymbol{a}$ から $\boldsymbol{b}$ へ右ネジを回すときに右ネジが進む向きに等しいといえる（右手系の場合，図 **3.9**)。

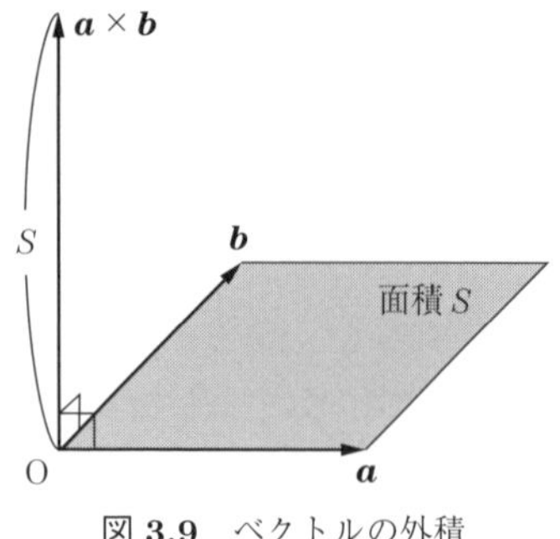

図 **3.9**　ベクトルの外積

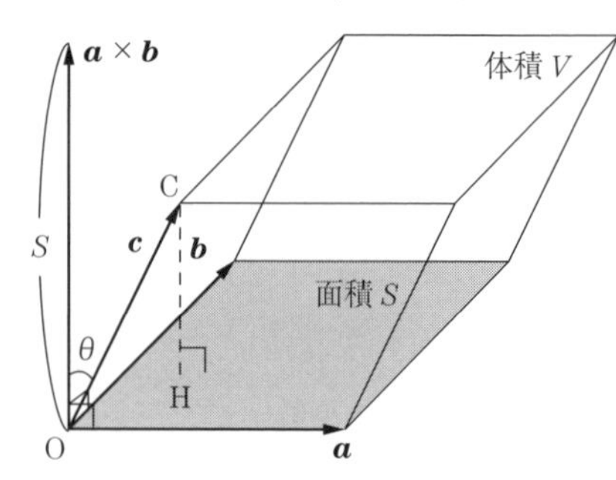

図 **3.10**　平行六面体の体積

例題 3.4　命題 3.4 を証明せよ。

証明　(1)　$\boldsymbol{a}\times\boldsymbol{b}$ と $\boldsymbol{a}, \boldsymbol{b}$ の内積をとって 0 となることを示せばよい。実際

$$\boldsymbol{a}\cdot(\boldsymbol{a}\times\boldsymbol{b}) = a_1(a_2b_3 - a_3b_2) + a_2(a_3b_1 - a_1b_3) + a_3(a_1b_2 - a_2b_1) = 0$$

より，$(\boldsymbol{a}\times\boldsymbol{b})\perp\boldsymbol{a}$ である。同様にして，$(\boldsymbol{a}\times\boldsymbol{b})\perp\boldsymbol{b}$ も成り立つ。

(2)　定義式 (3.21) により

$$\begin{aligned}
|\boldsymbol{a}\times\boldsymbol{b}|^2 &= (a_2b_3 - a_3b_2)^2 + (a_3b_1 - a_1b_3)^2 + (a_1b_2 - a_2b_1)^2 \\
&= ({a_1}^2 + {a_2}^2 + {a_3}^2)({b_1}^2 + {b_2}^2 + {b_3}^2) - (a_1b_1 + a_2b_2 + a_3b_3)^2 \\
&= |\boldsymbol{a}|^2|\boldsymbol{b}|^2 - (\boldsymbol{a}\cdot\boldsymbol{b})^2 = |\boldsymbol{a}|^2|\boldsymbol{b}|^2 - |\boldsymbol{a}|^2|\boldsymbol{b}|^2\cos^2\theta \\
&= |\boldsymbol{a}|^2|\boldsymbol{b}|^2\sin^2\theta
\end{aligned}$$

であるから，大きさは $\boldsymbol{a}$，$\boldsymbol{b}$ のなす平行四辺形の面積に等しい。

(3)　ベクトル $\boldsymbol{a}\times\boldsymbol{b}$ は，$\boldsymbol{a}, \boldsymbol{b}$ に垂直だから，$\boldsymbol{c} = \overrightarrow{\mathrm{OC}}$ として，C から，$\boldsymbol{a}, \boldsymbol{b}$ を隣り合う 2 辺とする平行四辺形に垂線 CH を下ろすと $\overrightarrow{\mathrm{HC}}/\!/(\boldsymbol{a}\times\boldsymbol{b})$ となる（図 **3.10**）。よって，題意の体積 V は，$\overrightarrow{\mathrm{HC}}$ と $\boldsymbol{a}\times\boldsymbol{b}$ が同じ向きのとき

$$V = S\cdot\mathrm{CH} = S\cdot|\overrightarrow{\mathrm{OC}}|\cdot\cos\theta = (\boldsymbol{a}\times\boldsymbol{b})\cdot\boldsymbol{c} \tag{3.22}$$

となる。ここで，$S = |\boldsymbol{a}\times\boldsymbol{b}|$ は (2) により，$\boldsymbol{a}, \boldsymbol{b}$ を隣り合う 2 辺とする平行四辺形の面積，θ は $\boldsymbol{c}$ と $\boldsymbol{a}\times\boldsymbol{b}$ のなす角である。$\overrightarrow{\mathrm{HC}}$ と $\boldsymbol{a}\times\boldsymbol{b}$ が逆向きのときは (3.22) で θ が鈍角となって $\cos\theta < 0$ となるから，題意の平行六面体の体積 V は (3.22) に負号を付けたものに等しい。よって，(3) が成り立つ。 □

練習 3.4　$\boldsymbol{a} = \begin{bmatrix} -1 \\ 0 \\ 1 \end{bmatrix}, \boldsymbol{b} = \begin{bmatrix} 1 \\ 2 \\ 3 \end{bmatrix}, \boldsymbol{c} = \begin{bmatrix} 0 \\ -1 \\ 2 \end{bmatrix}$ のとき，次の問に答えよ。

(1)　次の量を求めよ。

(a)　$2\boldsymbol{a} - 3\boldsymbol{b} + \boldsymbol{c}$　　(b)　$\boldsymbol{a}\cdot\boldsymbol{b}$

(2)　$\boldsymbol{a}, \boldsymbol{b}$ を隣り合う 2 辺とする平行四辺形の面積を求めよ。

(3)　$\boldsymbol{a}, \boldsymbol{b}, \boldsymbol{c}$ を隣り合う 3 辺とする平行六面体の体積を求めよ。

3.4　行列の演算と逆行列

この節では行列を定義し，さらに行列の間の演算を導入する。

定義 3.13　(行列)　nm 個の実数 a_{ij} $(1 \leqq i \leqq n,\ 1 \leqq j \leqq m)$ を

$$A = \begin{bmatrix} a_{11} & a_{12} & \cdots & a_{1m} \\ a_{21} & a_{22} & \cdots & a_{2m} \\ \vdots & \vdots & \ddots & \vdots \\ a_{n1} & a_{n2} & \cdots & a_{nm} \end{bmatrix} \tag{3.23}$$

のように長方形状に並べたものを，(n,m) 型の**行列**（matrix）といい，並べられた数のことを成分という。行列の型のことを**行列のサイズ**ともいう。

行列の成分の横の並びを**行**（row），縦の並びを**列**（column）という。式 (3.23) で a_{ij} は第 i 行第 j 列の成分なので，行列 A の (i,j) 成分という。

(n,m) 型の行列の全体を $M_{n,m}(\mathbb{R})$ と記し，式 (3.23) を単に

$$A = [a_{ij}]_{1 \leqq i \leqq n, 1 \leqq j \leqq m} \in M_{n,m}(\mathbb{R}) \tag{3.24}$$

のように記すこともある。

注意 3.8　本書では，おもに $n, m \leqq 3$ の場合を扱う。$(2,1)$ 型の行列は平面上のベクトルのことであり，$(3,1)$ 型の行列は 3 次元空間内のベクトルのことである。

定義 3.14　(行列の相等)　$A = [a_{ij}], B = [b_{ij}] \in M_{n,m}(\mathbb{R})$ で，$A = B$ であるとは

$$a_{ij} = b_{ij} \quad (1 \leqq i \leqq n, 1 \leqq j \leqq m)$$

が成り立つことをいう。

行列の間に次の演算を導入する。

定義 3.15 （行列の和・差・スカラー倍） $A = [a_{ij}] \in M_{n,m}(\mathbb{R})$ と $B = [b_{ij}] \in M_{n,m}(\mathbb{R})$ の和・差 $A \pm B$ を

$$A \pm B = [a_{ij} \pm b_{ij}] \in M_{n,m}(\mathbb{R}) \tag{3.25}$$

A のスカラー倍 cA を

$$cA = [ca_{ij}] \in M_{n,m}(\mathbb{R}) \tag{3.26}$$

により定める。

行列の加法の単位元である次の零行列を導入する。

定義 3.16 （零行列） nm 個の成分すべてが 0 に等しい行列 $O_{n,m} \in M_{n,m}(\mathbb{R})$ を (n,m) 型の零行列という。

注意 3.9 零行列は加法の単位元である。

$$A + O_{n,m} = A = O_{n,m} + A$$

定義 3.17 （転置行列） $A = [a_{ij}] \in M_{n,m}(\mathbb{R})$ に対して，a_{ji} を (i,j) 成分とする (m,n) 型の行列を行列 A の**転置行列**（transposed matrix）といい，${}^tA = [a_{ji}]$ で表す。

注意 3.10 例えば，$A = \begin{bmatrix} 1 & 2 & 3 \\ 4 & 5 & 6 \end{bmatrix}$ に対して，${}^tA = \begin{bmatrix} 1 & 4 \\ 2 & 5 \\ 3 & 6 \end{bmatrix}$ である。この記法を用いれば，$n = 2, 3$ のとき，$(1,n)$ 型の行列は，平面または空間のベクトルの転置である。

定義 3.18　(**行列の積**)　$A \in M_{n,m}(\mathbb{R})$ の第 i 行をベクトル $\boldsymbol{a}_i$ の転置 ${}^t\boldsymbol{a}_i$, $B \in M_{m,l}(\mathbb{R})$ の第 j 列を $\boldsymbol{b}_j$ とするとき，行列 A, B の積 $AB \in M_{n,l}(\mathbb{R})$ を，$\boldsymbol{a}_i$ と $\boldsymbol{b}_j$ の内積 $\boldsymbol{a}_i \cdot \boldsymbol{b}_j$ を (i,j) 成分とする行列により定める。

例 3.2　行列 A と B は，行列 A の列数と行列 B の行数が一致しているときのみ，積 AB を定義することができる。$A = \begin{bmatrix} 2 & -1 & 0 \\ \hline 0 & 3 & 1 \end{bmatrix}$, $B = \begin{bmatrix} 0 & \vline & -1 \\ 1 & \vline & 0 \\ 1 & \vline & 2 \end{bmatrix}$ のとき，$AB = \begin{bmatrix} -1 & -2 \\ 4 & 2 \end{bmatrix}$ となる。例えば，AB の $(1,1)$ 成分は，A の第 1 行の転置 ${}^t[2,-1,0]$ と B の第 1 列 ${}^t[0,1,1]$ との内積から $2 \times 0 + (-1) \times 1 + 0 \times 1 = -1$ と求まる。他の成分も同様に求まる。

正方行列 A の (i,i) 成分を対角成分，(i,j) 成分 $(i \neq j)$ を非対角成分という。

定義 3.19　(**単位行列**)　対角成分がすべて 1 に等しく，非対角成分がすべて 0 に等しい行列 $I_n = \begin{bmatrix} 1 & & \\ & \ddots & \\ & & 1 \end{bmatrix} \in M_n(\mathbb{R})$ を n 次の**単位行列**という。

注意 3.11　I_n は乗法の単位元である。$I_nA = A = AI_n$

定義 3.20　(**正則行列**)　$A \in M_n(\mathbb{R})$ が**正則**（nonsingular）であるとは

$$AX = XA = I_n \tag{3.27}$$

をみたす $X \in M_n(\mathbb{R})$ が存在することをいう。

命題 3.5 式 (3.27) をみたす行列 X は存在すれば一意である。

証明 X_1, X_2 が式 (3.27) をみたすならば

$$X_1 = X_1 I_n = X_1(AX_2) = (X_1 A)X_2 = I_n X_2 = X_2$$

となって，$X_1 = X_2$ が得られる。 □

定義 3.21 （逆行列） 行列 $A \in M_n(\mathbb{R})$ が正則であるとき，命題 3.5 により一意に定まる行列 $X \in M_n(\mathbb{R})$ を，A の**逆行列**（inverse matrix）といい，A^{-1} と記す。

定理 3.6 （**2 次正方行列の逆行列の公式**） 2 次正方行列 $A = \begin{bmatrix} a & b \\ c & d \end{bmatrix}$ は，$ad - bc \neq 0$ のとき正則であり，A の逆行列はこのとき次の式で表される。

$$A^{-1} = \frac{1}{ad - bc}\begin{bmatrix} d & -b \\ -c & a \end{bmatrix} \tag{3.28}$$

証明 $\tilde{A} = \begin{bmatrix} d & -b \\ -c & a \end{bmatrix}$ とおくと次の式が成り立つ。

$$A\tilde{A} = \tilde{A}A = \begin{bmatrix} ad - bc & 0 \\ 0 & ad - bc \end{bmatrix} = (ad - bc)I_2$$

よって，$ad - bc \neq 0$ のとき A は正則であり，$A^{-1} = \tilde{A}/(ad - bc)$ である。 □

注意 3.12 定理 3.6 の行列 A に対し，$ad - bc$ を A の行列式という（定義 3.23）。例題 3.11 では定理 3.6 の対偶「2 次正方行列 A が正則でないならばその行列式は 0 に等しい」を用いている。

例題 3.5　$A = \begin{bmatrix} 1 & 2 \\ 3 & 6 \end{bmatrix}$, $B = \begin{bmatrix} 2 & 0 \\ -1 & 1 \end{bmatrix}$ のとき，次の問に答えよ。

(1)　次の量を計算せよ。(a)　$3A - 4B$　　(b)　AB　　(c)　BA
　　(d)　$(A+B)(A-B)$

(2)　行列 A, B が正則であるかどうか調べ，正則ならば逆行列を求めよ。

解答例　(1)　(a)　$3A - 4B = 3\begin{bmatrix} 1 & 2 \\ 3 & 6 \end{bmatrix} - 4\begin{bmatrix} 2 & 0 \\ -1 & 1 \end{bmatrix} = \begin{bmatrix} -5 & 6 \\ 13 & 14 \end{bmatrix}$

例えば，$(1,1)$ 成分は，$3 \times 1 - 4 \times 2 = -5$ と計算できる（以下同様）。

(b)　$AB = \begin{bmatrix} 1 & 2 \\ 3 & 6 \end{bmatrix}\begin{bmatrix} 2 & 0 \\ -1 & 1 \end{bmatrix} = \begin{bmatrix} 0 & 2 \\ 0 & 6 \end{bmatrix}$

例えば，$(1,2)$ 成分は，A の第 1 行を転置したベクトル ${}^t[1,2]$ と B の第 2 列のベクトル ${}^t[0,1]$ の内積より，$1 \times 0 + 2 \times 1 = 2$ と計算できる。

(c)　$BA = \begin{bmatrix} 2 & 0 \\ -1 & 1 \end{bmatrix}\begin{bmatrix} 1 & 2 \\ 3 & 6 \end{bmatrix} = \begin{bmatrix} 2 & 4 \\ 2 & 4 \end{bmatrix}$

例えば，$(2,1)$ 成分は，B の第 2 行を転置したベクトル ${}^t[-1,1]$ と A の第 1 列のベクトル ${}^t[1,3]$ の内積より，$(-1) \times 1 + 1 \times 3 = 2$ と計算できる。(b), (c) より，$AB = BA$ は一般に成り立たないことがわかる。

(d)　$(A+B)(A-B) = \begin{bmatrix} 3 & 2 \\ 2 & 7 \end{bmatrix}\begin{bmatrix} -1 & 2 \\ 4 & 5 \end{bmatrix} = \begin{bmatrix} 5 & 16 \\ 26 & 39 \end{bmatrix}$

例えば，$(2,2)$ 成分は，$(A+B)$ の第 2 行を転置したベクトル ${}^t[2,7]$ と $(A-B)$ の第 2 列のベクトル ${}^t[2,5]$ の内積より，$2 \times 2 + 7 \times 5 = 39$ と計算できる。

(2)　定理 3.6 を用いると，$1 \times 6 - 2 \times 3 = 0$ より，A は正則ではない[†1]。
$2 \times 1 - 0 \times (-1) = 2 \neq 0$ より，B は正則で $B^{-1} = \dfrac{1}{2}\begin{bmatrix} 1 & 0 \\ 1 & 2 \end{bmatrix}$ である。　◆

練習 3.5　例題 3.5 の行列 A と $(2,2)$ 型の零行列 O に対して，$AX = XA = O$ をみたす O でない行列 X を一つ見つけよ[†2]。

[†1] 厳密にいうと，定理 3.6 からは A が正則でないとはいえないが，結果的に正しい。
[†2] 一般に $AX = O$ をみたす O でない行列 A, X を**零因子**という。

例題 3.6 次の条件をみたすような行列 $P = \begin{bmatrix} p & q \\ r & s \end{bmatrix}$ を求めよ。

$$P \begin{bmatrix} 2 \\ -1 \end{bmatrix} = \begin{bmatrix} 1 \\ 3 \end{bmatrix}, \quad P \begin{bmatrix} 0 \\ 1 \end{bmatrix} = \begin{bmatrix} 3 \\ -1 \end{bmatrix} \tag{3.29}$$

また，点 (x, y) が直線 $x + y = 1$ 上を動くとき，$\begin{bmatrix} X \\ Y \end{bmatrix} = P \begin{bmatrix} x \\ y \end{bmatrix}$ により定義される点 (X, Y) の軌跡を求めよ。

解答例 式 (3.29) は次のように書き直すことができる。

$$P \left[\begin{array}{r|r} 2 & 0 \\ -1 & 1 \end{array} \right] = \left[\begin{array}{r|r} 1 & 3 \\ 3 & -1 \end{array} \right] \tag{3.30}$$

式 (3.30) の左辺の P の右にある行列は，例題 3.5 の行列 B と同じで，すでにその逆行列 B^{-1} を求めている。式 (3.30) の両辺に右から B^{-1} を掛けて

$$P = \begin{bmatrix} 1 & 3 \\ 3 & -1 \end{bmatrix} \begin{bmatrix} 2 & 0 \\ -1 & 1 \end{bmatrix}^{-1} = \begin{bmatrix} 1 & 3 \\ 3 & -1 \end{bmatrix} \frac{1}{2} \begin{bmatrix} 1 & 0 \\ 1 & 2 \end{bmatrix} = \begin{bmatrix} 2 & 3 \\ 1 & -1 \end{bmatrix}$$

次に，定理 3.6 より P は正則であるから，$\begin{bmatrix} X \\ Y \end{bmatrix} = P \begin{bmatrix} x \\ y \end{bmatrix}$ の両辺の左から P^{-1} を掛けて

$$\begin{bmatrix} x \\ y \end{bmatrix} = \frac{1}{2 \times (-1) - 3 \times 1} \begin{bmatrix} -1 & -3 \\ -1 & 2 \end{bmatrix} \begin{bmatrix} X \\ Y \end{bmatrix} \implies \begin{cases} x = \frac{1}{5}(X + 3Y) \\ y = \frac{1}{5}(X - 2Y) \end{cases}$$

これを $x + y = 1$ に代入して

$$x + y = \frac{1}{5}(X + 3Y) + \frac{1}{5}(X - 2Y) = \frac{1}{5}(2X + Y) = 1$$

より，点 (X, Y) の軌跡は直線 $2X + Y = 5$ である。 ◆

練習 3.6 $A = \begin{bmatrix} 1 & 3 \\ 2 & 6 \end{bmatrix}$ とする。点 (x, y) が座標平面全体を動くとき，$\begin{bmatrix} X \\ Y \end{bmatrix} = A \begin{bmatrix} x \\ y \end{bmatrix}$ により定義される点 (X, Y) の軌跡を求めよ。

3.5　連立1次方程式

連立１次方程式は線形代数における主題の一つである。この節ではあまり理論的なことに深入りすることなく，３元連立１次方程式の解法について学ぶ。

定義 3.22　**(係数行列と拡大係数行列)**　３元連立１次方程式

$$\begin{cases} a_{11}x_1 + a_{12}x_2 + a_{13}x_3 &= b_1 \\ a_{21}x_1 + a_{22}x_2 + a_{23}x_3 &= b_2 \\ a_{31}x_1 + a_{32}x_2 + a_{33}x_3 &= b_3 \end{cases} \tag{3.31}$$

に対し，$A = \begin{bmatrix} a_{11} & a_{12} & a_{13} \\ a_{21} & a_{22} & a_{23} \\ a_{31} & a_{32} & a_{33} \end{bmatrix}$, $\boldsymbol{x} = \begin{bmatrix} x_1 \\ x_2 \\ x_3 \end{bmatrix}$, $\boldsymbol{b} = \begin{bmatrix} b_1 \\ b_2 \\ b_3 \end{bmatrix}$ とおくとき，A を**係数行列**，$[A, \boldsymbol{b}]$ を**拡大係数行列**という。

注意 3.13　連立１次方程式 (3.31) は $A\boldsymbol{x} = \boldsymbol{b}$ と書き換えることができる。

さらに，$\boldsymbol{a}_1 = \begin{bmatrix} a_{11} \\ a_{21} \\ a_{31} \end{bmatrix}$, $\boldsymbol{a}_2 = \begin{bmatrix} a_{12} \\ a_{22} \\ a_{32} \end{bmatrix}$, $\boldsymbol{a}_3 = \begin{bmatrix} a_{13} \\ a_{23} \\ a_{33} \end{bmatrix}$ とおくと，連立１次方程式 (3.31) は

$$x_1\boldsymbol{a}_1 + x_2\boldsymbol{a}_2 + x_3\boldsymbol{a}_3 = \boldsymbol{b}$$

と書き換えることができる。なお，このとき，$A = [\boldsymbol{a}_1, \boldsymbol{a}_2, \boldsymbol{a}_3]$ のように書くことがある。

例 3.3　次の連立１次方程式 $(*)$ を解こう。一般に，連立１次方程式では変数の名前は重要ではない。そこで，連立１次方程式 $(*)$ を解くのと並行して，拡大係数行列の変形を一緒にまとめておこう。

$$(*)\left\{\begin{array}{rrrll} x_1 & +2x_2 & +3x_3 & =1 & (1) \\ 2x_1 & +5x_2 & +8x_3 & =3 & (2) \\ 3x_1 & +4x_2 & +8x_3 & =10 & (3) \end{array}\right. \qquad \left[\begin{array}{ccc|c} 1 & 2 & 3 & 1 \\ 2 & 5 & 8 & 3 \\ 3 & 4 & 8 & 10 \end{array}\right]$$

$(2)-(1)\times 2,\ (3)-(1)\times 3$ より

$$\left\{\begin{array}{rrrll} x_1 & +2x_2 & +3x_3 & =1 & (1) \\ & x_2 & +2x_3 & =1 & (2') \\ & -2x_2 & -x_3 & =7 & (3') \end{array}\right. \qquad \left[\begin{array}{rrr|r} 1 & 2 & 3 & 1 \\ 0 & 1 & 2 & 1 \\ 0 & -2 & -1 & 7 \end{array}\right]$$

$(1)-(2')\times 2,\ (3')+(2')\times 2$ より

$$\left\{\begin{array}{rrrll} x_1 & & -x_3 & =-1 & (1') \\ & x_2 & +2x_3 & =1 & (2') \\ & & 3x_3 & =9 & (3'') \end{array}\right. \qquad \left[\begin{array}{rrr|r} 1 & 0 & -1 & -1 \\ 0 & 1 & 2 & 1 \\ 0 & 0 & 3 & 9 \end{array}\right]$$

$(3'')\div 3$ より

$$\left\{\begin{array}{rrrll} x_1 & & -x_3 & =-1 & (1') \\ & x_2 & +2x_3 & =1 & (2') \\ & & x_3 & =3 & (3''') \end{array}\right. \qquad \left[\begin{array}{rrr|r} 1 & 0 & -1 & -1 \\ 0 & 1 & 2 & 1 \\ 0 & 0 & 1 & 3 \end{array}\right]$$

$(1')+(3'''),\ (2')-(3''')\times 2$ より

$$\left\{\begin{array}{rrrll} x_1 & & & =2 & (1'') \\ & x_2 & & =-5 & (2'') \\ & & x_3 & =3 & (3''') \end{array}\right. \qquad \left[\begin{array}{rrr|r} 1 & 0 & 0 & 2 \\ 0 & 1 & 0 & -5 \\ 0 & 0 & 1 & 3 \end{array}\right]$$

注意 3.14 例 3.3 からわかるように，連立 1 次方程式を解くにあたって許されている操作を拡大係数行列の言葉で焼き直せば

(a) 第 i 行と第 $j(\neq i)$ 行を入れ換える。

(b) 第 i 行を $c(\neq 0)$ 倍する。

(c) 第 i 行に第 $j(\neq i)$ 行の c 倍を加える。

の三つである†。これら三つの操作を行列の**行基本変形**という。

† 例 3.3 では，操作 (a) は使われていない。

例題 3.7　連立 1 次方程式 $\begin{cases} x_1 & +3x_2 & +2x_3 & =5 \\ 2x_1 & +7x_2 & +5x_3 & =6 \\ 3x_1 & +4x_2 & +2x_3 & =7 \end{cases}$ を解け。

解答例　拡大係数行列を行基本変形する。

$$\begin{bmatrix} 1 & 3 & 2 & 5 \\ 2 & 7 & 5 & 6 \\ 3 & 4 & 2 & 7 \end{bmatrix} \xrightarrow[(\text{第 } 3 \text{ 行}) - (\text{第 } 1 \text{ 行}) \times 3]{(\text{第 } 2 \text{ 行}) - (\text{第 } 1 \text{ 行}) \times 2} \begin{bmatrix} 1 & 3 & 2 & 5 \\ 0 & 1 & 1 & -4 \\ 0 & -5 & -4 & -8 \end{bmatrix}$$

$$\xrightarrow[(\text{第 } 3 \text{ 行}) + (\text{第 } 2 \text{ 行}) \times 5]{(\text{第 } 1 \text{ 行}) - (\text{第 } 2 \text{ 行}) \times 3} \begin{bmatrix} 1 & 0 & -1 & 17 \\ 0 & 1 & 1 & -4 \\ 0 & 0 & 1 & -28 \end{bmatrix}$$

$$\xrightarrow[(\text{第 } 2 \text{ 行}) - (\text{第 } 3 \text{ 行}) \times 1]{(\text{第 } 1 \text{ 行}) + (\text{第 } 3 \text{ 行}) \times 1} \begin{bmatrix} 1 & 0 & 0 & -11 \\ 0 & 1 & 0 & 24 \\ 0 & 0 & 1 & -28 \end{bmatrix}$$

より，求める解は次のようになる。

$$\begin{bmatrix} x_1 \\ x_2 \\ x_3 \end{bmatrix} = \begin{bmatrix} -11 \\ 24 \\ -28 \end{bmatrix}$$

◆

練習 3.7　行列 $A = \begin{bmatrix} 1 & 3 & 2 \\ 2 & 7 & 5 \\ 3 & 4 & 2 \end{bmatrix}$ が正則であることを示し，その逆行列 A^{-1} を求めよ。

【ヒント】 $AX = I$ をみたす X をまず求め，その X が $XA = I$ をみたすことを示せばよい。$\boldsymbol{e}_1 = {}^t[1,0,0]$, $\boldsymbol{e}_2 = {}^t[0,1,0]$, $\boldsymbol{e}_3 = {}^t[0,0,1]$ とおくと $I = [\boldsymbol{e}_1, \boldsymbol{e}_2, \boldsymbol{e}_3]$ で，$X = [\boldsymbol{x}_1, \boldsymbol{x}_2, \boldsymbol{x}_3]$ とおくと $AX = [A\boldsymbol{x}_1, A\boldsymbol{x}_2, A\boldsymbol{x}_3]$ であるから，$AX = I$ は

$$A\boldsymbol{x}_i = \boldsymbol{e}_i \quad (i = 1, 2, 3) \tag{3.32}$$

と同値である。三つの連立 1 次方程式 (3.32) を同時に解いてみよ。

例題 3.8 $A = \begin{bmatrix} 1 & 1 & 3 \\ 2 & 3 & 4 \\ 3 & 5 & 5 \end{bmatrix}$, $\boldsymbol{b}_1 = \begin{bmatrix} 2 \\ 3 \\ 4 \end{bmatrix}$, $\boldsymbol{b}_2 = \begin{bmatrix} 2 \\ 3 \\ -4 \end{bmatrix}$ のとき，連立1次方程式 $A\boldsymbol{x} = \boldsymbol{b}_1$ を解け。また，$A\boldsymbol{x} = \boldsymbol{b}_2$ ならどうか。

解答例 $[A, \boldsymbol{b}_1, \boldsymbol{b}_2]$ を行基本変形して

$$\begin{bmatrix} 1 & 1 & 3 & 2 & 2 \\ 2 & 3 & 4 & 3 & 3 \\ 3 & 5 & 5 & 4 & -4 \end{bmatrix} \xrightarrow[(\text{第}3\text{行}) - (\text{第}1\text{行}) \times 3]{(\text{第}2\text{行}) - (\text{第}1\text{行}) \times 2} \begin{bmatrix} 1 & 1 & 3 & 2 & 2 \\ 0 & 1 & -2 & -1 & -1 \\ 0 & 2 & -4 & -2 & -10 \end{bmatrix}$$

$$\xrightarrow[(\text{第}3\text{行}) - (\text{第}2\text{行}) \times 2]{(\text{第}1\text{行}) - (\text{第}2\text{行}) \times 1} \begin{bmatrix} 1 & 0 & 5 & 3 & 3 \\ 0 & 1 & -2 & -1 & -1 \\ 0 & 0 & 0 & 0 & -8 \end{bmatrix}$$

となる。よって，連立1次方程式 $A\boldsymbol{x} = \boldsymbol{b}_1$ は

$$\begin{cases} x_1 \quad\quad +5x_3 = 3 \\ \quad\quad x_2 \; -2x_3 = -1 \\ \quad\quad\quad\quad\quad 0 = 0 \end{cases}$$

となる。$x_3 = t$ とおくと，$x_1 = 3 - 5t$, $x_2 = -1 + 2t$ である。よって

$$\begin{bmatrix} x_1 \\ x_2 \\ x_3 \end{bmatrix} = \begin{bmatrix} 3 \\ -1 \\ 0 \end{bmatrix} + t \begin{bmatrix} -5 \\ 2 \\ 1 \end{bmatrix}$$

が求める解である。

次に，連立1次方程式 $A\boldsymbol{x} = \boldsymbol{b}_2$ は

$$\begin{cases} x_1 \quad\quad +5x_3 = 3 \\ \quad\quad x_2 \; -2x_3 = -1 \\ \quad\quad\quad\quad\quad 0 = -8 \end{cases}$$

となる。第3式：$0 = -8$ は矛盾なので，この連立方程式は解なしである。◆

練習 3.8 次の連立1次方程式を解け。

(1) $\begin{cases} x_1 + 2x_2 + 3x_3 = 1 \\ 2x_1 + 3x_2 + 4x_3 = 2 \\ 3x_1 + 4x_2 + 5x_3 = 4 \end{cases}$ (2) $\begin{cases} x_1 + 2x_2 + 3x_3 = 1 \\ 2x_1 + 3x_2 + 4x_3 = 3 \\ 3x_1 + 4x_2 + 5x_3 = 5 \end{cases}$

3.6 行　　列　　式

行列式（determinant）は，(n,n) 型の正方行列に対して定義できる量であるが，本書では $n=2,3$ の場合のみを扱う。

定義 3.23　（2 次正方行列の行列式）　$A=\begin{bmatrix} a_{11} & a_{12} \\ a_{21} & a_{22} \end{bmatrix}$ に対し，その行列式 $\det A$ を

$$\det A = a_{11}a_{22} - a_{21}a_{12} \tag{3.33}$$

により定める。$\det A$ は $|A|$ などとも記す。

注意 3.15　2 次正方行列の行列式は，**図 3.11** のようにタスキ掛けの規則により計算できる（サラスの方法）。

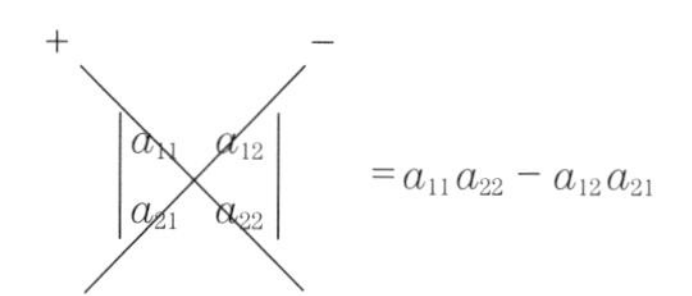

図 3.11　サラスの方法（2 次正方行列の場合）

例 3.4　$\begin{vmatrix} 1 & 2 \\ 3 & 4 \end{vmatrix} = 1 \times 4 - 3 \times 2 = -2$ である。

命題 3.7　$\boldsymbol{a_1}, \boldsymbol{a_2}$ を平面ベクトルとし，これらを横に並べて作った行列を $A=[\boldsymbol{a_1}, \boldsymbol{a_2}]$ とおく。このとき，A の行列式 $\det A$ は $\boldsymbol{a_1}, \boldsymbol{a_2}$ を隣り合う 2 辺とする平行四辺形の面積に符号を除いて等しい。

定義 3.24　(3 次正方行列の行列式)　$A = \begin{bmatrix} a_{11} & a_{12} & a_{13} \\ a_{21} & a_{22} & a_{23} \\ a_{31} & a_{32} & a_{33} \end{bmatrix}$ に対し，その行列式 det A を

$$\det A = a_{11}a_{22}a_{33} + a_{21}a_{32}a_{13} + a_{31}a_{12}a_{23} \\ - a_{11}a_{32}a_{23} - a_{21}a_{12}a_{33} - a_{31}a_{22}a_{13} \tag{3.34}$$

により定める。det A は $|A|$ などとも記す。

注意 3.16　3 次正方行列の行列式は，**図 3.12** のようにタスキ掛けの規則により計算できる（サラスの方法）。なお，3 次正方行列 A に対し，det $A \neq 0$ なら A は正則である（証明略）。

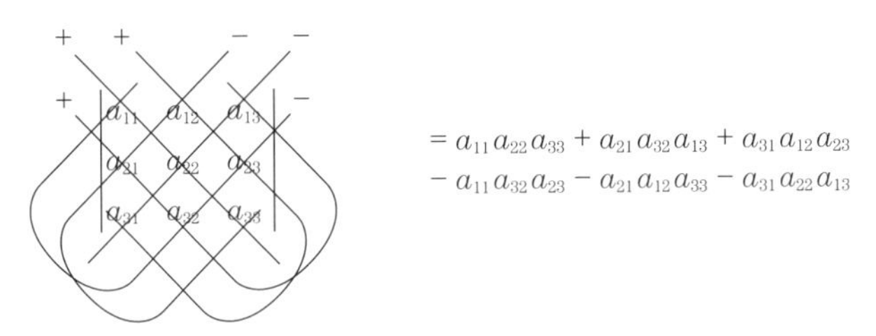

図 3.12　サラスの方法（3 次正方行列の場合）

例 3.5　$\begin{vmatrix} 1 & 3 & 2 \\ 2 & 7 & 5 \\ 3 & 4 & 2 \end{vmatrix} = 1 \times 7 \times 2 + 2 \times 4 \times 2 + 3 \times 3 \times 5$

$-1 \times 4 \times 5 - 2 \times 3 \times 2 - 3 \times 7 \times 2 = 1$ である。

命題 3.8　$\boldsymbol{a_1}, \boldsymbol{a_2}, \boldsymbol{a_3}$ を空間ベクトルとし，これらを横に並べて作った行列を $A = [\boldsymbol{a_1}, \boldsymbol{a_2}, \boldsymbol{a_3}]$ とおく。このとき，A の行列式 det A は $\boldsymbol{a_1}, \boldsymbol{a_2}, \boldsymbol{a_3}$ を隣り合う 3 辺とする平行六面体の体積に符号を除いて等しい。

例題 3.9　命題 3.7 と命題 3.8 を証明せよ。

証明　【命題 3.7】　定義 3.23 の A に対し，$\boldsymbol{a}_1$, $\boldsymbol{a}_2$ のなす角を θ として

$$S = |\boldsymbol{a}_1||\boldsymbol{a}_2|\sin\theta$$

により題意の平行四辺形の面積が与えられる。ここで

$$|\boldsymbol{a}_1||\boldsymbol{a}_2|\cos\theta = \boldsymbol{a}_1 \cdot \boldsymbol{a}_2 = a_{11}a_{12} + a_{21}a_{22}$$

であることから

$$\begin{aligned} S^2 &= |\boldsymbol{a}_1|^2|\boldsymbol{a}_2|^2(1-\cos^2\theta) \\ &= |\boldsymbol{a}_1|^2|\boldsymbol{a}_2|^2 - (\boldsymbol{a}_1\cdot\boldsymbol{a}_2)^2 \\ &= (a_{11}^2 + a_{21}^2)(a_{12}^2 + a_{22}^2) - (a_{11}a_{12} + a_{21}a_{22})^2 \\ &= (a_{11}a_{22} - a_{21}a_{12})^2 \\ &= (\det A)^2 \end{aligned}$$

より，$S = |\det A|$ を得る。

【命題 3.8】　定義 3.24 の A に対し，$\boldsymbol{a}_1$, $\boldsymbol{a}_2$ の外積が

$$\boldsymbol{a}_1 \times \boldsymbol{a}_2 = \begin{bmatrix} a_{21}a_{32} - a_{31}a_{22} \\ a_{31}a_{12} - a_{11}a_{32} \\ a_{11}a_{22} - a_{21}a_{12} \end{bmatrix}$$

であることを用いると，行列式の定義式 (3.34) は

$$\begin{aligned} \det A &= (a_{21}a_{32} - a_{31}a_{22})a_{13} + (a_{31}a_{12} - a_{11}a_{32})a_{23} + (a_{11}a_{22} - a_{21}a_{12})a_{33} \\ &= (\boldsymbol{a}_1 \times \boldsymbol{a}_2)\cdot\boldsymbol{a}_3 \end{aligned} \tag{3.35}$$

と書き換えられる。命題 3.4(3) と式 (3.35) を合わせて，題意は示された。□

練習 3.9　次の行列の行列式を計算せよ。

(1) $\begin{bmatrix} 1 & 2 & 3 \\ 2 & 3 & 4 \\ 3 & 4 & 5 \end{bmatrix}$　　(2) $\begin{bmatrix} 1 & 1 & 1 \\ a & b & c \\ a^2 & b^2 & c^2 \end{bmatrix}$

例題 3.10　（クラメールの公式）　$\boldsymbol{a}_1, \boldsymbol{a}_2, \boldsymbol{a}_3, \boldsymbol{b}, \boldsymbol{x}$ を空間ベクトルとし，$A = [\boldsymbol{a}_1, \boldsymbol{a}_2, \boldsymbol{a}_3]$ とおく。このとき連立方程式

$$A\boldsymbol{x} = \boldsymbol{b} \tag{3.36}$$

は，$|A| = \det A \neq 0$ のとき唯一の解をもち，それは

$$x_1 = \frac{1}{|A|}\det[\boldsymbol{b}, \boldsymbol{a}_2, \boldsymbol{a}_3],\ x_2 = \frac{1}{|A|}\det[\boldsymbol{a}_1, \boldsymbol{b}, \boldsymbol{a}_3],\ x_3 = \frac{1}{|A|}\det[\boldsymbol{a}_1, \boldsymbol{a}_2, \boldsymbol{b}]$$

で与えられることを示せ。

証明　最初に，式 (3.36) は

$$x_1\boldsymbol{a}_1 + x_2\boldsymbol{a}_2 + x_3\boldsymbol{a}_3 = \boldsymbol{b} \tag{3.37}$$

と書き直せることに注意する。行列式の幾何学的意味（命題 3.8）から

$$\det[c\boldsymbol{a}, \boldsymbol{b}, \boldsymbol{c}] = c\det[\boldsymbol{a}, \boldsymbol{b}, \boldsymbol{c}] \tag{3.38 a}$$

$$\det[\boldsymbol{a} + \boldsymbol{a}', \boldsymbol{b}, \boldsymbol{c}] = \det[\boldsymbol{a}, \boldsymbol{b}, \boldsymbol{c}] + \det[\boldsymbol{a}', \boldsymbol{b}, \boldsymbol{c}] \tag{3.38 b}$$

$$\det[\boldsymbol{a}, \boldsymbol{a}, \boldsymbol{c}] = \det[\boldsymbol{a}, \boldsymbol{b}, \boldsymbol{a}] = 0 \tag{3.38 c}$$

が成り立つ。よって

$$\begin{aligned}\det[\boldsymbol{b}, \boldsymbol{a}_2, \boldsymbol{a}_3] &= \det[x_1\boldsymbol{a}_1 + x_2\boldsymbol{a}_2 + x_3\boldsymbol{a}_3, \boldsymbol{a}_2, \boldsymbol{a}_3]\\ &= \sum_{j=1}^{3} x_j \det[\boldsymbol{a}_j, \boldsymbol{a}_2, \boldsymbol{a}_3]\\ &= x_1 \det[\boldsymbol{a}_1, \boldsymbol{a}_2, \boldsymbol{a}_3] \qquad (3.39)\end{aligned}$$

となる。ここで，式 (3.39) の二つめの等号では式 (3.38 a)，式 (3.38 b) を，最後の等号では式 (3.38 c) を用いた。よって，$|A| = \det[\boldsymbol{a}_1, \boldsymbol{a}_2, \boldsymbol{a}_3] \neq 0$ のとき

$$x_1 = \frac{1}{|A|}\det[\boldsymbol{b}, \boldsymbol{a}_2, \boldsymbol{a}_3]$$

を得る。x_2, x_3 についても同様である。　□

練習 3.10　$\boldsymbol{a}$, $\boldsymbol{b}$, $\boldsymbol{c}$ を練習 3.4 のそれらと同じものとして，$\boldsymbol{a}$，$\boldsymbol{b}$，$\boldsymbol{c}$ を隣り合う 3 辺とする平行六面体の体積を，命題 3.8 を用いて求めよ。

3.7　行列の対角化

この節ではまず，固有値・固有ベクトルの定義から始めよう。

定義 3.25　(正方行列の固有値・固有ベクトル)　n 次正方行列 $A \in M_n(\mathbb{R})$ に対して

$$A\boldsymbol{v} = \lambda \boldsymbol{v} \quad (\boldsymbol{v} \neq \boldsymbol{0}_n)$$

をみたす $\lambda \in \mathbb{R}$ と $\boldsymbol{v} \in \mathbb{R}^n$ が存在するとき，λ を行列 A の**固有値**（eigen-value），$\boldsymbol{v}$ を A の固有値 λ に対する**固有ベクトル**（eigenvector）という。

固有値・固有ベクトルの例を次に見てみよう。

例 3.6　$A = \begin{bmatrix} 2 & 1 \\ 1 & 2 \end{bmatrix}$ のとき

$$\begin{bmatrix} 2 & 1 \\ 1 & 2 \end{bmatrix} \begin{bmatrix} 1 \\ 1 \end{bmatrix} = 3 \begin{bmatrix} 1 \\ 1 \end{bmatrix}$$

より，3 は A の固有値（の一つ）であり，$\boldsymbol{p}_1 = \begin{bmatrix} 1 \\ 1 \end{bmatrix}$ は A の固有値 3 に対する固有ベクトルである。さらに

$$\begin{bmatrix} 2 & 1 \\ 1 & 2 \end{bmatrix} \begin{bmatrix} 1 \\ -1 \end{bmatrix} = \begin{bmatrix} 1 \\ -1 \end{bmatrix}$$

より，1 は A の固有値（の一つ）であり，$\boldsymbol{p}_2 = \begin{bmatrix} 1 \\ -1 \end{bmatrix}$ は A の固有値 1 に対する固有ベクトルである。

勝手なベクトル，例えば $\boldsymbol{p} = \begin{bmatrix} 1 \\ 0 \end{bmatrix}$ に対して，$A\boldsymbol{p} = \begin{bmatrix} 2 \\ 1 \end{bmatrix}$ より，$A\boldsymbol{p} = \lambda \boldsymbol{p}$ をみたす実数 λ は存在しない（図 **3.13**）。

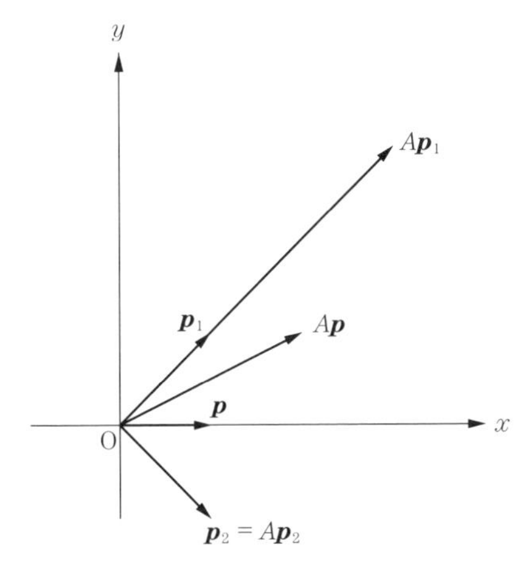

図 3.13　例 3.6 の行列 A による $\boldsymbol{p}_1, \boldsymbol{p}_2, \boldsymbol{p}$ の像

じつは，この行列 A の固有値は 3 と 1 の二つしかない。

次に，固有値を求めるのに重要な固有多項式・固有方程式を導入する。

定義 3.26　**(固有多項式・固有方程式)**　行列 $A \in M_n(\mathbb{R})$ に対して

$$\Delta_A(t) = \det(tI_n - A) \tag{3.40}$$

を A の**固有多項式**，n 次方程式 $\Delta_A(t) = 0$ を A の**固有方程式**という。

非対角成分がすべて 0 に等しい行列を**対角行列**という。

定義 3.27　**(対角化可能)**　$A \in M_n(\mathbb{R})$ に対し，適当な n 次正則行列 P が存在して，$P^{-1}AP$ が対角行列になるとき，行列 A は**対角化可能**であるという。またこのとき，正則行列 P を取り換え行列という。

注意 3.17　行列の対角化の方法，およびその応用については，この節の例題・練習などの解答を通して説明する。

例題 3.11　次の問に答えよ。

(1)　n 次正方行列 A の固有値 λ は，固有方程式 $\Delta_A(t) = 0$ の根になることが必要であることを示せ。

(2)　例 3.6 の行列 A の固有値は 3 と 1 の二つしかないことを示せ。

(3)　例 3.6 の行列 A を対角化せよ。すなわち，$P^{-1}AP = D$ が対角行列となるような取り換え行列 P と対角行列を求めよ。

証明　(1)　$A\boldsymbol{v} = \lambda\boldsymbol{v}$ において，$I_n\boldsymbol{v} = \boldsymbol{v}$ より，$A\boldsymbol{v} = \lambda I_n\boldsymbol{v}$ である。よって

$$(\lambda I_n - A)\boldsymbol{v} = \boldsymbol{0}_n \tag{3.41}$$

が成り立つ。いまもし $(\lambda I_n - A)$ が正則ならば，$(\lambda I_n - A)^{-1}$ を (3.41) の両辺の左から掛けることにより，$\boldsymbol{v} = \boldsymbol{0}_n$ となる。これは $\boldsymbol{v}$ が固有ベクトルであるという条件に反する。よって $(\lambda I_n - A)$ は正則ではないから

$$\det(\lambda I_n - A) = \Delta_A(\lambda) = 0 \tag{3.42}$$

が必要である†。よって，λ は固有方程式の根でなければならない。

(2)　上の例 3.6 の A に対し，固有方程式

$$\det(tI_2 - A) = \begin{vmatrix} t-2 & -1 \\ -1 & t-2 \end{vmatrix} = (t-2)^2 - (-1)^2 = t^2 - 4t + 3 = 0$$

を解いて $t = 3, 1$ を得る。よって，$t = 3, 1$ 以外に固有値はない。また，$t = 3, 1$ のときに実際に固有ベクトルが存在することは例 3.6 ですでに示したとおりである。

□

解答例　(3)　$\boldsymbol{p}_1, \boldsymbol{p}_2$ を例 3.6 で求めた二つの固有ベクトルとする。このとき，$P = [\boldsymbol{p}_1, \boldsymbol{p}_2] = \begin{bmatrix} 1 & 1 \\ 1 & -1 \end{bmatrix}$ とおくと，$\det P = -2 \neq 0$ より P は正則である。さらに $AP = [3\boldsymbol{p}_1, \boldsymbol{p}_2] = PD$, $D = \begin{bmatrix} 3 & 0 \\ 0 & 1 \end{bmatrix}$ より $P^{-1}AP = D$ が成り立つ。◆

練習 3.11　$A = \begin{bmatrix} 1 & 1 \\ 3 & -1 \end{bmatrix}$ のとき，A を対角化せよ。

† $n = 2$ のときは定理 3.6 および注意 3.12 参照。$n = 3$ のときは注意 3.16 参照。

例題 3.12 $A = \begin{bmatrix} 0 & 1 & -1 \\ 1 & 0 & 1 \\ -1 & 1 & 0 \end{bmatrix}$ を対角化せよ。

解答例 例題 3.11(1) より，固有値は固有方程式の根である。固有多項式は

$$\Delta_A(t) = \det \begin{bmatrix} t & -1 & 1 \\ -1 & t & -1 \\ 1 & -1 & t \end{bmatrix}$$
$$= t^3 + 1 + 1 - t - t - t = t^3 - 3t + 2 = (t-1)^2(t+2)$$

であるから，A の固有値は 1（重根），-2 である。固有値 -2 に対して

$$(-2I_3 - A)\begin{bmatrix} x_1 \\ x_2 \\ x_3 \end{bmatrix} = \begin{bmatrix} -2 & -1 & 1 \\ -1 & -2 & -1 \\ 1 & -1 & -2 \end{bmatrix}\begin{bmatrix} x_1 \\ x_2 \\ x_3 \end{bmatrix} = \begin{bmatrix} 0 \\ 0 \\ 0 \end{bmatrix}$$

より，固有ベクトルとして $\boldsymbol{p}_1 = {}^t[1,\ -1,\ 1]/\sqrt{3}$ が取れる[†1]。

また，固有値 1 に対して

$$(I_3 - A)\begin{bmatrix} x_1 \\ x_2 \\ x_3 \end{bmatrix} = \begin{bmatrix} 1 & -1 & 1 \\ -1 & 1 & -1 \\ 1 & -1 & 1 \end{bmatrix}\begin{bmatrix} x_1 \\ x_2 \\ x_3 \end{bmatrix} = \begin{bmatrix} 0 \\ 0 \\ 0 \end{bmatrix}$$

固有ベクトルとして $\boldsymbol{p}_2 = {}^t[1,\ 1,\ 0]/\sqrt{2}$，$\boldsymbol{p}_3 = {}^t[-1,\ 1,\ 2]/\sqrt{6}$ が取れる[†2]。

$P = [\boldsymbol{p}_1, \boldsymbol{p}_2, \boldsymbol{p}_3]$ とおくと，$\boldsymbol{p}_1, \boldsymbol{p}_2, \boldsymbol{p}_3$ はたがいに直交しているから，P は正則で，$P^{-1} = {}^tP$ である[†3]。よって次の式を得る。

$$P^{-1}AP = D = \begin{bmatrix} -2 & & \\ & 1 & \\ & & 1 \end{bmatrix}$$ ◆

練習 3.12 例題 3.12 の行列 A に対し，対角化の結果を利用して A^n を求めよ。

---

†1 後々の都合で，$|\boldsymbol{p}_1| = 1$ となるように，$1/\sqrt{3}$ の因子を掛けておいた。

†2 やはり，$|\boldsymbol{p}_2| = |\boldsymbol{p}_3| = 1$ となるようにした。また，$\boldsymbol{p}_1 \cdot \boldsymbol{p}_2 = \boldsymbol{p}_1 \cdot \boldsymbol{p}_3 = \boldsymbol{p}_2 \cdot \boldsymbol{p}_3 = 0$ となるように選んである。

†3 実際，${}^tP$ の第 i 行は ${}^t\boldsymbol{p}_i$ であるから，$[{}^tPP]_{ij} = {}^t\boldsymbol{p}_i\boldsymbol{p}_j = \boldsymbol{p}_i \cdot \boldsymbol{p}_j$ となるからである。

3.8　ジョルダン標準形

すべての正方行列は対角化可能ではない。しかし，後述する**ジョルダン標準形**には変形できる。この節では，そのジョルダン標準形について述べる。

定義 3.28　(**ジョルダン標準形**)　$A = J_n(\lambda) = \begin{bmatrix} \lambda & 1 & & \\ & \ddots & \ddots & \\ & & \ddots & 1 \\ & & & \lambda \end{bmatrix} \in M_n(\mathbb{R})$

の形の行列を**ジョルダン細胞**という。

$$J = \begin{bmatrix} J_{n_1}(\lambda_1) & & \\ & \ddots & \\ & & J_{n_k}(\lambda_k) \end{bmatrix} \tag{3.43}$$

の形のブロック対角行列を**ジョルダン標準形**という。

定理 3.9　すべての n 次正方行列 A はある適当な正則行列 P を用いて

$$P^{-1}AP = J \tag{3.44}$$

とできる。ここで，J は A のジョルダン標準形，式 (3.44) をみたす正則行列 P を取り換え行列という。

注意 3.18　3 次正方行列の場合，ジョルダン標準形はジョルダン細胞の並べ替えの自由度を除き，次の 3 通りしかない[†]。

$$\begin{bmatrix} \lambda & 1 & 0 \\ 0 & \lambda & 1 \\ 0 & 0 & \lambda \end{bmatrix}, \quad \begin{bmatrix} \lambda_1 & 1 & 0 \\ 0 & \lambda_1 & 0 \\ 0 & 0 & \lambda_2 \end{bmatrix}, \quad \begin{bmatrix} \lambda_1 & 0 & 0 \\ 0 & \lambda_2 & 0 \\ 0 & 0 & \lambda_3 \end{bmatrix}$$

ジョルダン標準形の求め方は，具体例に即して述べる。

† 固有値 λ_i は複素数になることもある。また，$\lambda_1 = \lambda_2$ などでもよい。

例 3.7 行列 $A = \begin{bmatrix} 0 & \frac{1}{2} & 1 \\ \frac{1}{2} & 0 & 0 \\ \frac{1}{2} & \frac{1}{2} & 0 \end{bmatrix}$ のジョルダン標準形 J と取り換え行列 P を求めてみよう。

$$\Delta_A(t) = |tI_n - A| = \begin{vmatrix} t & -\frac{1}{2} & -1 \\ -\frac{1}{2} & t & 0 \\ -\frac{1}{2} & -\frac{1}{2} & t \end{vmatrix} = t^3 - \frac{1}{4} - \frac{3}{4}t = (t-1)(t+\tfrac{1}{2})^2 = 0$$

より，A の固有値は 1 と $-1/2$（重根）である。

$t = 1$ のとき，$(A - I)\boldsymbol{p}_1 = \begin{bmatrix} -1 & \frac{1}{2} & 1 \\ \frac{1}{2} & -1 & 0 \\ \frac{1}{2} & \frac{1}{2} & -1 \end{bmatrix} \begin{bmatrix} p_1 \\ p_2 \\ p_3 \end{bmatrix} = \begin{bmatrix} 0 \\ 0 \\ 0 \end{bmatrix}$ を解いて

$\boldsymbol{p}_1 = c \begin{bmatrix} 4 \\ 2 \\ 3 \end{bmatrix}$ $(c \neq 0)$ である。後の便宜上，以後 $c = 1/9$ とする。

$t = -1/2$ のとき，$(A + \frac{1}{2}I)\boldsymbol{p}_2 = \begin{bmatrix} \frac{1}{2} & \frac{1}{2} & 1 \\ \frac{1}{2} & \frac{1}{2} & 0 \\ \frac{1}{2} & \frac{1}{2} & \frac{1}{2} \end{bmatrix} \begin{bmatrix} p_1 \\ p_2 \\ p_3 \end{bmatrix} = \begin{bmatrix} 0 \\ 0 \\ 0 \end{bmatrix}$ を解いて

$\boldsymbol{p}_2 = d \begin{bmatrix} 1 \\ -1 \\ 0 \end{bmatrix}$ $(d \neq 0)$ である。簡単のため，以下 $d = 1$ とおく。

次に天下りであるが，$(A + \frac{1}{2}I)\boldsymbol{p}_3 = \boldsymbol{p}_2$ とおくと，$(A + \frac{1}{2}I)\boldsymbol{p}_3 = \begin{bmatrix} \frac{1}{2} & \frac{1}{2} & 1 \\ \frac{1}{2} & \frac{1}{2} & 0 \\ \frac{1}{2} & \frac{1}{2} & \frac{1}{2} \end{bmatrix} \begin{bmatrix} p_1 \\ p_2 \\ p_3 \end{bmatrix} = \begin{bmatrix} 1 \\ -1 \\ 0 \end{bmatrix}$ より，$p_3 = 2$, $p_1 + p_2 = -2$ を得る。簡単のため以下 $p_1 = p_2 = -1$ とおく。以上まとめると，$P = [\boldsymbol{p}_1, \boldsymbol{p}_2, \boldsymbol{p}_3] = \begin{bmatrix} \frac{4}{9} & 1 & -1 \\ \frac{2}{9} & -1 & -1 \\ \frac{1}{3} & 0 & 2 \end{bmatrix}$ であり，$AP = [\boldsymbol{p}_1, -\frac{1}{2}\boldsymbol{p}_2, \boldsymbol{p}_2 - \frac{1}{2}\boldsymbol{p}_3] = PJ$，$J = \begin{bmatrix} 1 & 0 & 0 \\ 0 & -\frac{1}{2} & 1 \\ 0 & 0 & -\frac{1}{2} \end{bmatrix}$ より，$P^{-1}AP = J$ を得る。

例題 3.13　行列 A を例 3.7 で与えられている行列とし

$$\boldsymbol{x}_0 = \begin{bmatrix} 1 \\ 0 \\ 0 \end{bmatrix}, \quad \boldsymbol{x}_n = A\boldsymbol{x}_{n-1}\,(n = 1, 2, 3, \cdots)$$

により，帰納的にベクトルの列 $\{\boldsymbol{x}_n\}$ を定義するとき，$\lim_{n\to\infty} \boldsymbol{x}_n$ を求めよ。

解答例　$\boldsymbol{x}_0 = \begin{bmatrix} 1 \\ 0 \\ 0 \end{bmatrix} = \boldsymbol{p}_1 + k_2\boldsymbol{p}_2 + k_3\boldsymbol{p}_3$ に対し[†1]，$A\boldsymbol{p}_1 = \boldsymbol{p}_1$，$A\boldsymbol{p}_2 = (-1/2)\boldsymbol{p}_2$, $A\boldsymbol{p}_3 = (-1/2)\boldsymbol{p}_3 + \boldsymbol{p}_2$ より

$$\begin{aligned}
\boldsymbol{x}_1 = A\boldsymbol{x}_0 &= \boldsymbol{p}_1 - \frac{k_2}{2}\boldsymbol{p}_2 + k_3\left(\boldsymbol{p}_2 - \frac{1}{2}\boldsymbol{p}_3\right) \\
&= \boldsymbol{p}_1 + \left(k_3 - \frac{k_2}{2}\right)\boldsymbol{p}_2 - \frac{k_3}{2}\boldsymbol{p}_3 \\
\boldsymbol{x}_2 = A\boldsymbol{x}_1 &= \boldsymbol{p}_1 - \frac{1}{2}\left(k_3 - \frac{k_2}{2}\right)\boldsymbol{p}_2 - \frac{k_3}{2}\left(\boldsymbol{p}_2 - \frac{1}{2}\boldsymbol{p}_3\right) \\
&= \boldsymbol{p}_1 + \left(\frac{k_2}{4} - k_3\right)\boldsymbol{p}_2 + \frac{k_3}{4}\boldsymbol{p}_3 \\
&\ \ \vdots \\
\boldsymbol{x}_n &= \boldsymbol{p}_1 + \left(k_2\left(-\frac{1}{2}\right)^n + k_3 n\left(-\frac{1}{2}\right)^{n-1}\right)\boldsymbol{p}_2 + k_3\left(-\frac{1}{2}\right)^n\boldsymbol{p}_3
\end{aligned}$$

となる[†2]。よって次の式を得る。

$$\lim_{n\to\infty} \boldsymbol{x}_n = \boldsymbol{p}_1$$

◆

注意 3.19　上の例の問題の背景を説明する。いま I, II, III の三つしかウェブページのない仮想的な世界を考える。これら 3 サイトは図 **3.14** のようにリンクが貼られているとする。ただし，矢印の根元が引用元，矢印の行き先がリンク先である。最

[†1] この式の両辺の各成分の和を取ることにより，$\boldsymbol{p}_1$ の係数が 1 であることがわかる。実際，右辺の $\boldsymbol{p}_1$ 以外のベクトルは，例 3.7 で求めたように各成分の和が 0 だからである。k_2, k_3 の値も求められるが，後の計算でみるように重要ではない。

[†2] より厳密には，数学的帰納法により証明できる。

初にサイトIにいるとする。次に，サイトIからリンクが貼ってあるサイトIIかサイトIIIに移動する。ここでは硬貨を投げてどちらに移動するか決めるものとする。例えばサイトIIに移動したとする。次に，サイトIIからリンクが貼ってあるサイトIかサイトIIIに移動する。ここでも硬貨を投げてどちらに移動するか決めるものとする。サイトIIIに移動した場合，このサイトからはサイトIにしかリンクが貼ってないので，必然的にサイトIに移動する。ここで，n ステップ後にそれぞれサイトI, II, IIIにいる確率を p_n, q_n, r_n とおくと，次のような連立漸化式が成り立つ。

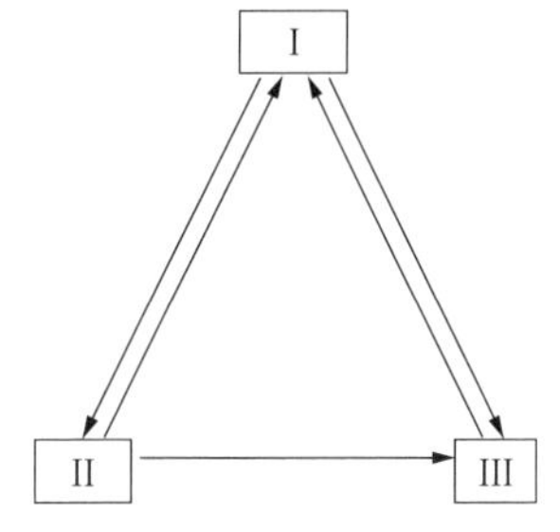

図 3.14　三つのウェブページとリンク

$$\begin{bmatrix} p_{n+1} \\ q_{n+1} \\ r_{n+1} \end{bmatrix} = \begin{bmatrix} 0 & \frac{1}{2} & 1 \\ \frac{1}{2} & 0 & 0 \\ \frac{1}{2} & \frac{1}{2} & 0 \end{bmatrix} \begin{bmatrix} p_n \\ q_n \\ r_n \end{bmatrix}$$

また，出発点をサイトIとおくとすると，これは，$p_0 = 1$, $q_0 = r_0 = 0$ を意味する。よって，$\boldsymbol{x}_n = \begin{bmatrix} p_n \\ q_n \\ r_n \end{bmatrix}$ とおくと，$\boldsymbol{x}_n = A^n \boldsymbol{x}_0$ と書ける。よって，$n \to \infty$ ステップ後にサイトI, II, IIIに滞在する確率は，それぞれ 4/9, 2/9, 3/9 である。これは十分ネットサーフィンを繰り返した後には，サイトI, II, IIIに滞在する確率が 4 : 2 : 3 であることを意味し，これをページランクがI, III, IIの順に高いという。

この三つしかウェブページのない仮想的な世界では，Googleは検索結果をI, III, IIの順に表示する。ウェブページがもっとたくさんある現実の世界では，リンクの相互参照を数値化した巨大な行列の，固有値1の固有ベクトルの成分（一般にすべて正に取れることがわかっている）の大きい順に高いページランクが与えられている。ただし，Googleはその巨大な行列の対角化を行っているわけではなく，ネットサーフィンを繰り返す $(n \to \infty)$ ことによりページランクを求めているものと思われる。

練習 3.13　行列 $A = \begin{bmatrix} 2 & -1 & 0 \\ 1 & 3 & -1 \\ 1 & 0 & 1 \end{bmatrix}$ のジョルダン標準形 J と取り換え行列 P を求めよ。

章　末　問　題

【1】 $A=\begin{bmatrix} 1 & -2 & 3 \\ -4 & 5 & -6 \end{bmatrix}$, $B=\begin{bmatrix} 2 & 0 \\ -1 & 1 \\ 1 & -2 \end{bmatrix}$ のとき，次の問に答えよ。

(1) 積 AB, BA を計算せよ。

(2) AB, BA が正則かどうか確かめ，もし正則なら逆行列を求めよ。

【2】 空間のベクトル $\boldsymbol{a}=\begin{bmatrix} 1 \\ 1 \\ 1 \end{bmatrix}$，$\boldsymbol{b}=\begin{bmatrix} 1 \\ 2 \\ 4 \end{bmatrix}$，$\boldsymbol{c}=\begin{bmatrix} 1 \\ 3 \\ 9 \end{bmatrix}$ について，次の問に答えよ。

(1) $\boldsymbol{a}$，$\boldsymbol{b}$ を隣り合う 2 辺とする平行四辺形の面積を求めよ。

(2) $\boldsymbol{a}$，$\boldsymbol{b}$，$\boldsymbol{c}$ を隣り合う 3 辺とする平行六面体の体積を求めよ。

【3】 次の連立 1 次方程式 (3.45) の解が存在するように，定数 a の値を定めよ。またそのときの，連立 1 次方程式 (3.45) の解を求めよ。

$$\begin{cases} x_1 + 3x_2 + 4x_3 = 1 \\ 2x_1 + 7x_2 + 5x_3 = 3 \\ 3x_1 + 11x_2 + 6x_3 = a \end{cases} \tag{3.45}$$

【4】 行列 $A=\begin{bmatrix} p_1 & q_1 \\ p_2 & q_2 \end{bmatrix}$ のとき，次の問に答えよ。ただし，$p_1, p_2, q_1, q_2 > 0$, $p_1+p_2=q_1+q_2=1$ が成り立っているものとする。

(1) 行列 A は固有値 1 をもつことを示せ。また，固有値 1 に対する固有ベクトルを求めよ。

(2) $\boldsymbol{v}=\begin{bmatrix} 1 \\ -1 \end{bmatrix}$ は，行列 A の 1 とは異なる固有値に対する固有ベクトルであることを示せ。また，このときの固有値を求めよ。

(3) $\boldsymbol{x}_0=\begin{bmatrix} 1 \\ 0 \end{bmatrix}$, $\boldsymbol{x}_n = A\boldsymbol{x}_{n-1}\,(n \geqq 1)$ により，ベクトルの列 $\{\boldsymbol{x}_n\}$ を定めるとき，$\displaystyle\lim_{n\to\infty} \boldsymbol{x}_n$ を求めよ。

4　確　　　率

本書では，冒頭の「本書で用いる記号」で**集合**を既知のものとして扱っている。集合の数学的に厳密な定義は難しいので，ここでは単にものの集まりであって，その**元**（**要素**）の範囲がはっきりしているものとする。また，**確率**も現代的な定義は難しいので，素朴で直感的な定義にとどめておく。

近代確率論は，ド・メレがパスカルに提出した賭博に関する問題に端を発している。賭博は最も古い余暇活動の一つであり，人々は古くから遊びの中で起こる事象の可能性の大小について考えを巡らせてきたに違いない。

ヨーロッパ中世後期には，二つのサイコロを投げたとき異なる目の出方は21通りと説明する文書がいくつかある。これは二つのサイコロを区別せず，出る目の組合せのみに注目した数え方である。この数え方では，二つのサイコロの目の合計が偶数になる場合が12通り，奇数となる場合が9通りとなるが，経験上では偶数になる場合も奇数になる場合も同程度の頻度で起こる。

このような不具合を回避するため，**同様に確からしい**という概念に16世紀頃までに到達した。その結果，ある事象が起こる確率や**期待値**を計算する手法が確立した。ポーカーというカードゲームでは，役の強弱はその出現確率により規定されている。例えば,「フラッシュ」という役が「ストレート」という役より強いのは前者のほうが後者より出現確率が低いからである。

確率を数学的に取り扱うために，**確率変数**という概念を導入する。さらに，確率変数の従ういくつかの重要な**確率分布**を定義する。その中である意味最も重要な確率分布が**正規分布**である。すべての確率変数が正規分布するわけではないが，多くの確率分布の極限として正規分布が得られるからである。

4.1 二項定理

この節で，**二項定理**について復習しておこう。

定義 4.1 (順列・組合せ)　n 個の異なるものから r 個取り出して 1 列に並べたものを n 個から r 個取る**順列**（permutation）といい，その総数を ${}_nP_r$ と記す。n 個の異なるものから r 個取り出して 1 組としたものを n 個から r 個取る**組合せ**（combination）といい，その総数を ${}_nC_r$ と記す†。${}_nC_r$ を**二項係数**ともいう。

命題 4.1　定義 4.1 の ${}_nP_r$ と ${}_nC_r$ は次の式で与えられる。

$$ {}_nP_r = n(n-1)(n-2)\cdots(n-r+1) \tag{4.1 a} $$

$$ {}_nC_r = \frac{n!}{r!(n-r)!} \tag{4.1 b} $$

例 4.1　6 チームで野球のリーグ戦を行う。先攻，後攻の区別をする場合の対戦カードの総数は ${}_6P_2 = 6 \times 5 = 30$ 通りある。一方，先攻，後攻を区別しない場合の対戦カードの総数は ${}_6C_2 = 6 \times 5/2 = 15$ 通りある。

定理 4.2 (二項定理)　非負整数 n に対して，次の展開公式が成り立つ。

$$ (a+b)^n = \sum_{r=0}^{n} {}_nC_r a^{n-r} b^r \tag{4.2} $$

† 例題 2.1 の式 (2.12) で既出。

例題 4.1 命題 4.1 と定理 4.2 を証明せよ。

証明 【命題 4.1】 n 個の異なるものから r 個取り出して 1 列に並べるとき，最初の 1 個の選び方は n 通り，次の 1 個は 1 個目に選ばなかった $(n-1)$ 個から選ぶから $(n-1)$ 通り，$\cdots$，最後の r 個目の選び方が $(n-r+1)$ 通りあるから，その順列の総数は

$$n(n-1)(n-2)\cdots(n-r+1)$$

である。これは式 (4.1 a) を意味する。

n 個の異なるものから r 個を取る組合せの総数は，r 個を並べ替える順列の総数 $r!$ で式 (4.1 a) を割って得られるから

$$\begin{aligned} \frac{{}_nP_r}{r!} &= \frac{n(n-1)(n-2)\cdots(n-r+1)(n-r)!}{r!(n-r)!} \\ &= \frac{n!}{r!(n-r)!} \end{aligned}$$

となって，式 (4.1 b) を得る。

【定理 4.2】 式 (4.2) の左辺は

$$\underbrace{(a+b)(a+b)\cdots(a+b)}_{n\text{ 個}}$$

であり，その展開の各項は各括弧から a または b を取り出して掛け合わせたものである。したがって，展開の各項は $a^{n-r}b^r$ $(0 \leqq r \leqq n)$ の形をしている。これを同類項でまとめたとき，$a^{n-r}b^r$ の係数は，n 個の括弧のうち r 個から b を選び，残りの $(n-r)$ 個で a を選ぶ組合せの総数であるから ${}_nC_r$ に等しい。 □

練習 4.1 二項係数に関する次の等式を証明せよ。

$${}_nC_r = {}_{n-1}C_r + {}_{n-1}C_{r-1} \tag{4.3}$$

この等式は，パスカルの三角形と呼ばれる二項係数を三角形状に並べたものとどう関係あるか答えよ。

4.2　確率の基礎

確率（probability）を定義する前に，いくつかの用語を準備しておこう。

定義 4.2　**(試行・事象)**　ある一定の条件で繰り返し行うことのできる実験や観察で，その結果が偶然によって決まるものを**試行**（trial）という。また，試行の結果として生じる現象を**事象**（event）という。

注意 4.1　事象は集合を用いて表すことができる。

定義 4.3　**(標本空間・根元事象)**　ある試行において，起こりうる全事象を集合 Ω で表すとき，Ω を**標本空間**という。また，標本空間 Ω の一つの元からなる事象を**根元事象**という。

注意 4.2　定義 4.2 と定義 4.3 より，事象とは標本空間 Ω の部分集合のことである。

例 4.2　サイコロを 1 回投げて（実験）その目を読む（結果）のは試行であり，その試行の結果である事象は，$1, 2, 3, 4, 5, 6$ の目のいずれかが出ることである。したがって，この場合の標本空間 Ω は次のように表される。

$$\Omega = \{1, 2, 3, 4, 5, 6\} \tag{4.4}$$

サイコロを 1 回投げて偶数の目が出る事象を A, 5 以上の目が出る事象を B, 素数の目が出る事象を C とすると

$$A = \{2, 4, 6\}, \quad B = \{5, 6\}, \quad C = \{2, 3, 5\} \tag{4.5}$$

と表される。

定義 4.4 （さまざまな事象）　事象 A または B が起こる事象を $A \cup B$ と記し，A と B の**和事象**という（図 **4.1**(a)）。事象 A かつ B が起こる事象を $A \cap B$ と記し，A と B の**積事象**という（同 (b)）。事象 A が起こらないという事象を $\overline{A}$ と記し，A の**余事象**という（同 (c)）。

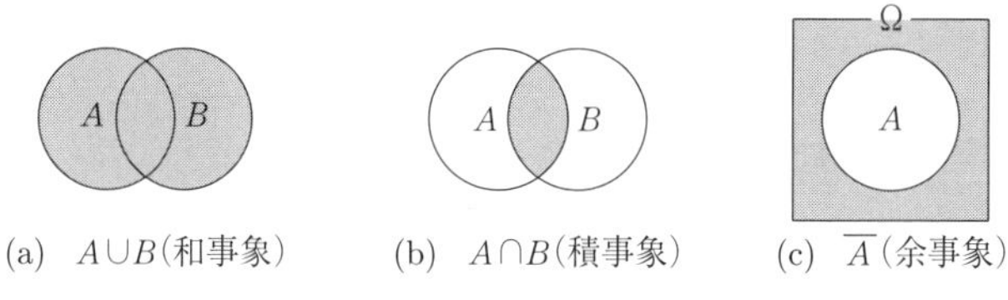

(a)　$A \cup B$（和事象）　(b)　$A \cap B$（積事象）　(c)　$\overline{A}$（余事象）

図 **4.1**　和事象，積事象，余事象

標本空間 Ω で表される事象を**全事象**，空集合 $\varnothing$ で表される事象を**空事象**という。また，$A \cap B = \varnothing$ のとき，事象 A と B はたがいに**排反**である，または**排反事象**であるという。

定義 4.5 （事象の確率）　事象 A の元の個数を $|A|$ で表すとき，事象 A の起こる**確率**（probability）$P(A)$ は次の式で与えられる。

$$P(A) = \frac{|A|}{|\Omega|} \tag{4.6}$$

注意 4.3　定義 4.5 は，ある試行においてどの根元事象も同程度に確からしく起こることを前提としている。これを，根元事象は**同様に確からしい**という。

例 4.3　例 4.2 の事象 A, B, C が起こる確率を求めたい。式 (4.5) より $|A| = 3$, $|B| = 2$, $|C| = 3$ である。一方，標本空間は式 (4.4) で与えられるから，$|\Omega| = 6$ である。よって定義 4.5 より，次の結果を得る。

$$P(A) = \frac{|A|}{|\Omega|} = \frac{3}{6} = \frac{1}{2}, \quad P(B) = \frac{|B|}{|\Omega|} = \frac{2}{6} = \frac{1}{3}, \quad P(C) = \frac{|C|}{|\Omega|} = \frac{3}{6} = \frac{1}{2}$$

定理 4.3　事象 A の余事象 $\overline{A}$ の起こる確率は，次の式で与えられる。

$$P(\overline{A}) = 1 - P(A) \tag{4.7}$$

証明　余事象の定義より $|\overline{A}| = |\Omega| - |A|$ である。よって

$$P(\overline{A}) = \frac{|\overline{A}|}{|\Omega|} = \frac{|\Omega| - |A|}{|\Omega|} = 1 - P(A)$$

となって，式 (4.7) を得る。　□

例 4.4　例 4.2 で，奇数の目の出る事象は偶数の目の出る事象 A の余事象である。よって奇数の目の出る確率は $P(\overline{A})$ に等しく次の結果を得る。

$$P(\overline{A}) = 1 - P(A) = 1 - \frac{1}{2} = \frac{1}{2}$$

定理 4.4　**(加法定理)**　事象 A と B の和事象の起こる確率について

$$P(A \cup B) = P(A) + P(B) - P(A \cap B) \tag{4.8}$$

が成り立つ。特に，事象 A と B がたがいに排反であるとき

$$P(A \cup B) = P(A) + P(B) \tag{4.9}$$

が成り立つ。

証明　事象 A, B, $A \cup B$, $A \cap B$ の元の個数に関して

$$|A \cup B| = |A| + |B| - |A \cap B|$$

が成り立つ。この両辺を標本空間の元の個数 $|\Omega|$ で割ると，式 (4.8) を得る。

また, 事象 A と B がたがいに排反 ($A \cap B = \varnothing$) であるとき, $P(A \cap B) = P(\varnothing) = 0$ を式 (4.8) に代入して，式 (4.9) を得る。　□

定義 4.6 (**条件付き確率**) 事象 A が起きたという条件のもとで事象 B が起こる確率を $P(B|A)$ と記し，**条件付き確率**という。

定理 4.5 条件付き確率 $P(B|A)$ について，次の関係が成り立つ。

$$P(B|A) = \frac{|A \cap B|}{|A|} \tag{4.10}$$

証明 条件付き確率 $P(B|A)$ は事象 A を標本空間と考えたときの事象 B が起こる確率なので，式 (4.10) で与えられる。 □

定義 4.7 (**独立事象**) 事象 A と B について $P(B|A) = P(B)$ が成り立つとき，事象 A と B は独立であるという。

定理 4.6 (**乗法定理**) 事象 A と B の起こる確率と条件付き確率の間に次の関係が成り立つ。

$$P(A \cap B) = P(A)P(B|A) \tag{4.11}$$

特に事象 A と B が独立であるとき，次の関係が成り立つ。

$$P(A \cap B) = P(A)P(B) \tag{4.12}$$

証明 式 (4.10) の右辺の分子と分母をそれぞれ $|\Omega|$ で割ると

$$P(B|A) = \frac{|A \cap B|/|\Omega|}{|A|/|\Omega|} = \frac{P(A \cap B)}{P(A)} \tag{4.13}$$

となる。式 (4.13) の分母を払うと，式 (4.11) を得る。また，事象 A と B が独立であるとき，$P(B|A) = P(B)$ より式 (4.11) は式 (4.12) を意味する。 □

例題 4.2　例 4.2 について，次の問に答えよ。

(1)　$P(A \cap B)$, $P(A \cap C)$, $P(B \cap C)$ を求めよ。

(2)　$P(B|A)$, $P(C|A)$, $P(C|B)$ を求めよ。

(3)　事象 A と B, A と C, B と C は独立かどうか判定せよ。

解答例　(1)　例 4.2 で，$A \cap B = \{6\}$ であるから

$$P(A \cap B) = \frac{|A \cap B|}{|\Omega|} = \frac{1}{6}$$

を得る。同様に，$A \cap C = \{2\}$, $B \cap C = \{5\}$ より

$$P(A \cap C) = \frac{1}{6}, \quad P(B \cap C) = \frac{1}{6}$$

を得る。

(2)　定理 4.5 と $|A| = 3$ より

$$P(B|A) = \frac{|A \cap B|}{|A|} = \frac{1}{3}, \quad P(C|A) = \frac{|A \cap C|}{|A|} = \frac{1}{3} \tag{4.14}$$

を得る。同様に，$|B| = 2$ より次の値を得る。

$$P(C|B) = \frac{|B \cap C|}{|B|} = \frac{1}{2} \tag{4.15}$$

(3)　(2) の結果と例 4.3 の結果を比べる。

$P(B|A) = P(B) = 1/3$ より，事象 A と B は独立である。

$P(C|A) \neq P(C) = 1/2$ より，事象 A と C は独立ではない。

$P(C|B) = P(C) = 1/2$ より，事象 B と C は独立である。　◆

練習 4.2　8 本中 2 本のアタリくじの入ったくじを A, B の順で引く。ただし，A が引いたくじは元に戻さないものとする。このとき次の問に答えよ。

(1)　A がハズレくじを引いたとき，B がアタリくじを引く確率を求めよ。

(2)　A がハズレくじを引き，B がアタリくじを引く確率を求めよ。

例題 4.3 (**ベイズの事後確率**) 全事象 Ω がたがいに排反な事象 $A_1, A_2, \cdots, A_r$ からなるとき，すなわち

$$A_i \cap A_j = \varnothing \ \ (i \neq j), \qquad A_1 \cup A_2 \cup \cdots \cup A_r = \Omega$$

が成り立つならば，任意の事象 B について次の式が成り立つことを示せ。

(1) $P(B) = P(A_1)P(B|A_1) + P(A_2)P(B|A_2) + \cdots + P(A_r)P(B|A_r)$

(2) $P(A_i|B) = \dfrac{P(A_i)P(B|A_i)}{P(B)}$

証明 (1) 右辺の第 i 項は式 (4.11) より

$$P(A_i)P(B|A_i) = P(A_i \cap B) \tag{4.16}$$

に等しい。事象 A_i たちはたがいに排反だから，$A_i \cap B$ たちもたがいに排反である。また，事象 A_i たちを合わせると全事象 Ω となることから

$$B = (A_1 \cap B) \cup (A_2 \cap B) \cup \cdots \cup (A_r \cap B) \tag{4.17}$$

が成り立つ。よって，式 (4.9) を繰り返し使うことにより，式 (4.16) と式 (4.17) から (1) が従う。

(2) 条件付き確率の公式 (4.10) より

$$P(A_i|B) = \frac{P(A_i \cap B)}{P(B)}$$

であるが，この式に式 (4.16) を代入して (2) を得る。 □

注意 4.4 例題 4.3(2) の等式を**ベイズの事後確率**という。A_i たちを原因，B を結果とみたとき，B という結果が出たときにその原因が A_i である確率と解釈できるからである。

練習 4.3 ある会社の男女比は 3 : 1, 男性社員の喫煙率は 40%，女性社員の喫煙率は 20%である。このとき，次の問に答えよ。

(1) この会社の社員の喫煙率は何%か。

(2) この会社の社員から任意に選ばれた喫煙者が, 男性である確率を求めよ。

4.3　確率の基礎 — 連続変数の場合

この節では，試行の結果が連続変数で表される場合の確率を考える。例えば 100 メートル走のタイムを計って t 秒であったとするとき，$t = 10.0$ である確率はどれだけであろうか。陸上の公式記録は 100 分の 1 秒単位まで計るので，$t = 10.0$ という測定値は誤差を含んでいる。たとえ 100 分の 1 秒単位まで測って $t = 10.00$ となったとしても，すべての測定値は誤差を含むのであり，$t = 10.00$ ではなく $9.995 \leqq t < 10.005$ であると考えるのが妥当である。つまり連続変数の場合，ある値ちょうどである確率には意味がなく[†1]，測定値がある幅の範囲内にある確率のみ意味をもつ。そこでまず，次の例から考えてみよう。

例 4.5　時計盤型のルーレットで針を回したとき，12 時と 1 時の間で止まる確率は 1/12 である。1 時と 3 時の間で止まる確率は 1/6 である。

注意 4.5　例 4.5 では，12 時の角度を基準に右回りに角度を弧度法で測る。針が止まった地点の角度を x とすると，標本空間は

$$\Omega = \{x \mid 0 \leqq x < 2\pi\}$$

である。標本空間のどの点も同様に確からしいとする[†2]。すると，針が 12 時と 1 時の間で止まる事象 A と 1 時と 3 時の間で止まる事象 B はそれぞれ

$$A = \left\{x \,\middle|\, 0 \leqq x \leqq \frac{\pi}{6}\right\}, \quad B = \left\{x \,\middle|\, \frac{\pi}{6} \leqq x \leqq \frac{\pi}{2}\right\}$$

であり，区間の長さに確率が比例すると考えれば

$$P(A) = \frac{\pi/6}{2\pi} = \frac{1}{12}, \quad P(B) = \frac{\pi/2 - \pi/6}{2\pi} = \frac{1}{6}$$

を得る。

[†1] あるいは，ある値ちょうどである確率は 0 であると考える。

[†2] 厳密には，標本空間のどの等分割された微小区間も同様に確からしく起こると考えられる。

例題 4.4 (ビュフォンの針) 幅 2 の平行な板を敷き詰めた床に，高いところから無作為に長さ 1 の針を落としたところ，針が板張りの境目の線と交わる確率を求めよ。

解答例 板の幅が 2 で針の長さが 1 だから，二つ以上の境目と交わることはない。そこで，針の落ちた位置と角度を，板の境目の線のうち針の中心から一番近い線までの距離 x $(0 \leqq x \leqq 1)$ と針（の延長線）と板の境目の線とのなす角 θ $(0 \leqq \theta < \pi)$ とで指定する。すると標本空間は

$$\Omega = \{ (\theta, x) \,|\, 0 \leqq \theta < \pi, 0 \leqq x \leqq 1 \} \tag{4.18}$$

であり，その面積は $|\Omega| = \pi$ である。式 (4.18) の長方形のどの等分割された微小領域も同様に確からしいと仮定する。

このとき**図 4.2** より，針が板の境目の線と交わるのは $0 \leqq x < (1/2)\sin\theta$ のときである。よって求める確率は，θx 平面の領域

$$A = \left\{ (\theta, x) \,\middle|\, 0 \leqq x < \frac{1}{2}\sin\theta\,(0 \leqq \theta < \pi) \right\}$$

と標本空間 Ω との面積比により

$$P = \frac{1}{\pi}\int_0^{\pi} \frac{1}{2}\sin\theta d\theta$$

$$= \frac{1}{2\pi}[-\cos\theta]_0^{\pi} = \frac{1}{\pi}$$

となる。

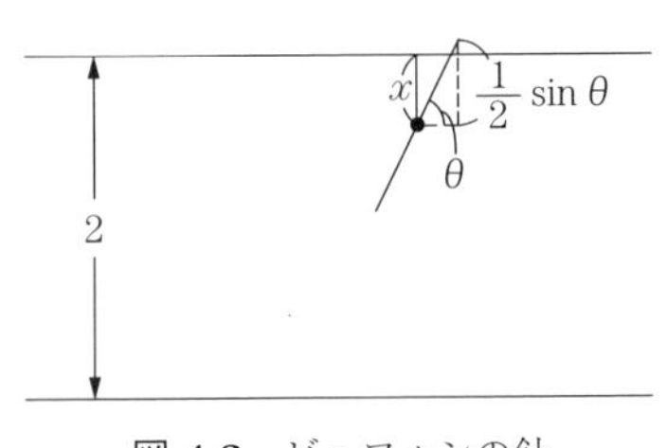

図 4.2 ビュフォンの針 ◆

注意 4.6 例題 4.4 の結果より，針を床に落とす実験を多数回繰り返すと約 π 回に 1 回の割合で板の境目と針が交わる。よって，N 回の試行中 n 回交わったとすると，N が大きいとき N/n を π の近似値と考えることができる。

練習 4.4 円周上に 3 点 A, B, C を取るとき，三角形 ABC が鋭角三角形になる確率を求めよ。

4.4 期待値と分散

この節では，確率変数 X の期待値と分散について学ぶ。

定義 4.8 (**確率変数**)　標本空間の各元（根元事象）に値を対応させる変数 X で，X がどの値を取るかは偶然に支配されているが，X がある事象に対応する値 x を取る確率が定まっているとき，X を**確率変数**という。

例 4.6　サイコロの出目 X は確率変数である。なぜなら，X の取り得る値は $X=1,2,3,4,5,6$ のいずれかであるが，そのうちのどの値を取るかは偶然に支配されていて，しかもそれらの値を取る確率が

$$P(X=x)=\frac{1}{6}\quad(x=1,2,3,4,5,6)\tag{4.19}$$

のように定まっているからである。

定義 4.9 (**期待値・分散**)　確率変数 X が値 x_i を取る確率を p_i $(i=1,\cdots,n)$ とし，$p_1+p_2+\cdots+p_n=1$ であるとする。このとき，X の**期待値** (expectation value) を次の式で定義する。

$$E(X)=\sum_{i=1}^{n}x_ip_i\tag{4.20}$$

変数 $(X-E(X))^2$ の期待値を**分散** (variance) といい，次の式で定義する。

$$V(X)=E((X-E(X))^2)=\sum_{i=1}^{n}(x_i-E(X))^2p_i\tag{4.21}$$

注意 4.7　分散 $V(X)$ は確率変数 X の散らばり具合を表す。

また，定理 4.7 で示すように，$V(X)=E(X^2)-E(X)^2$ が成り立っている。

例題 4.5 15 個中 3 個の不良品が含まれている。いま，この 15 個から無作為に 5 個 1 組で取り出したとき，不良品が X 個含まれているとする。このとき，次の問に答えよ。

(1) $X = 0, 1, 2, 3$ である確率をそれぞれ求めよ。

(2) X の期待値と分散を求めよ。

解答例 (1) 1 個ずつ続けて取り出すと考えて，乗法定理の式 (4.11) を繰り返し使う。不良品が 1 個も含まれない確率は

$$P(X=0) = \frac{12}{15} \times \frac{11}{14} \times \frac{10}{13} \times \frac{9}{12} \times \frac{8}{11} = \frac{24}{91}$$

である。次に，不良品が 1 個含まれる確率は

$$P(1) = {}_5C_1 \times \frac{12}{15} \times \frac{11}{14} \times \frac{10}{13} \times \frac{9}{12} \times \frac{3}{11} = \frac{45}{91}$$

である。ここで，${}_5C_1 = 5$ は何個目に不良品を取り出したかを掛けたものである。以下同様にして次の結果を得る。

$$P(2) = {}_5C_2 \times \frac{12}{15} \times \frac{11}{14} \times \frac{10}{13} \times \frac{3}{12} \times \frac{2}{11} = \frac{20}{91}$$

$$P(3) = {}_5C_3 \times \frac{12}{15} \times \frac{11}{14} \times \frac{3}{13} \times \frac{2}{12} \times \frac{1}{11} = \frac{2}{91}$$

(2) 期待値は式 (4.20) より

$$E(X) = \sum_{x=0}^{3} xP(X=x) = 0 \times \frac{24}{91} + 1 \times \frac{45}{91} + 2 \times \frac{20}{91} + 3 \times \frac{2}{91} = 1$$

を得る。また，分散は式 (4.21) に $E(X) = 1$ を代入して

$$V(X) = \sum_{x=0}^{3} (x-1)^2 P(X=x) = 1 \times \frac{24}{91} + 0 \times \frac{45}{91} + 1 \times \frac{20}{91} + 4 \times \frac{2}{91}$$
$$= \frac{52}{91} = \frac{4}{7}$$

を得る。◆

練習 4.5 硬貨を 2 枚投げたとき，表の枚数 X の期待値と分散を求めよ。

4.5 確率分布

この節では，確率変数 X が離散変数，すなわちとびとびの値を取る場合について，確率分布を導入する。

定義 4.10 (**確率分布**)　確率変数 X が $x_1, x_2, \cdots, x_n$ のいずれかの値を取るものとする。このとき，標本空間 $\Omega = \{x_1, x_2, \cdots, x_n\}$ を定義域とし，各 x_i を $X = x_i$ を取る確率 $P(X = x_i)(\geqq 0)$ に対応させる関数

$$f(x_i) = P(X = x_i)\ (i = 1, 2, \cdots, n) \qquad \left(\text{ただし} \sum_{i=1}^{n} f(x_i) = 1\right)$$

を確率変数 X の**確率関数**といい，X は $f(x)$ により定まる**確率分布**に従うという。

例 4.7　サイコロの出目 X は，確率関数 $f(x) = 1/6\,(x = 1, 2, 3, 4, 5, 6)$ により定まる確率分布に従う。

定理 4.7　標本空間 $\Omega = \{x_1, x_2, \cdots, x_n\}$ を定義域とする確率関数 $f(x)$ が与えられているとき，次の (1)，(2) が成り立つ。

(1)　$$E(X) = \sum_{i=1}^{n} x_i f(x_i) \tag{4.22 a}$$

(2)　$$V(X) = \sum_{i=1}^{n} (x_i - E(X))^2 f(x_i) \tag{4.22 b}$$

$$= E(X^2) - E(X)^2 \tag{4.22 c}$$

例題 4.6　定理 4.7 を証明せよ。

証明　期待値の定義式 (4.20) に $p_i = f(x_i)$ を代入すると

$$E(X) = \sum_{i=1}^{n} x_i p_i$$
$$= \sum_{i=1}^{n} x_i f(x_i)$$

より，式 (4.22 a) が成り立つ。

分散の定義式 (4.21) に $p_i = f(x_i)$ を代入すると

$$V(X) = \sum_{i=1}^{n}(x_i - E(X))^2 p_i$$
$$= \sum_{i=1}^{n}(x_i - E(X))^2 f(x_i)$$

より，式 (4.22 b) が成り立つ。

さらに，式 (4.22 b) に $E(X) = \mu$ を代入して

$$V(X) = \sum_{i=1}^{n}(x_i^2 - 2\mu x_i + \mu^2) f(x_i)$$
$$= \sum_{i=1}^{n} x_i^2 f(x_i) - 2\mu \sum_{i=1}^{n} x_i f(x_i) + \mu^2 \sum_{i=1}^{n} f(x_i)$$
$$= E(X^2) - 2\mu^2 + \mu^2$$
$$= E(X^2) - \mu^2$$

より，式 (4.22 c) は成り立つ。ここに，最後から二つ目の等号で式 (4.22 a) と

$$\sum_{i=1}^{n} f(x_i) = 1$$

を用いた。　□

練習 4.6　サイコロ 2 個を投げたとき，2 個のサイコロの目の和を X とする。このとき，確率変数 X の従う確率関数 $f(x)$ を求めよ。確率変数 X が偶数となる確率と奇数となる確率はどちらが大きいか。

4.6　二項分布とポアソン分布

この節では，二つの重要な確率分布について学ぶ。まず初めに，二項分布について説明しよう。

定義 4.11　(**二項分布**)　1 回の試行で事象 A が起こる確率を p とし，n 回の**独立試行**[†]で事象 A が X 回起こるとしたとき，確率変数 X の従う確率分布を**二項分布**（binomial distribution）という。また，このとき確率変数 X は二項分布 $B(n, p)$ に従うという。

定理 4.8　確率変数 X が二項分布 $B(n, p)$ に従うとき，確率関数 $f(x) = P(X = x)\,(x = 0, 1, 2, \cdots, n)$ は次の式で与えられる。

$$f(x) = {}_nC_x p^x q^{n-x} \qquad (q = 1 - p) \tag{4.23}$$

また，X の期待値と分散は次の式で与えられる。

$$E(X) = np \tag{4.24 a}$$

$$V(X) = npq \tag{4.24 b}$$

例 4.8　サイコロを 180 回投げて 1 の目の出る回数 X を確率変数に取るとき，確率変数 X は二項分布 $B\,(180, 1/6)$ に従う。また，このとき定理 4.8 より，X の期待値と分散は次のように求められる。

$$E(X) = 180 \times \frac{1}{6} = 30, \qquad V(X) = 180 \times \frac{1}{6} \times \frac{5}{6} = 25$$

† 1 回の試行の結果がほかの試行の結果に影響を及ぼさないとき，各試行を独立試行という。

次にポアソン分布を導入する。

定義 4.12 (ポアソン分布) $\lambda > 0$ のとき，次の確率関数 $f(x)$ で定められる確率分布を**ポアソン分布** (Poisson distribution) $Po(\lambda)$ という。

$$f(x) = \frac{\lambda^x}{x!}e^{-\lambda} \quad (x = 0, 1, 2, \cdots) \tag{4.25}$$

注意 4.8 ポアソン分布 $Po(\lambda)$ は二項分布 $B(n, p)$ から，$np = \lambda$ を一定値に保ちながら $n \to \infty (p \to 0)$ の極限を取ることにより得られる確率分布である。つまりポアソン分布とは，まれにしか起きないような事象を多数回試行したときに事象の起こる回数が従う確率分布であるといえる。例としては，ある市内で 1 日に起こる交通事故件数や，高額当選金の宝くじで 1 等のくじがある宝くじ販売所で売り出される枚数の分布などがある。

定理 4.9 確率変数 X がポアソン分布 $Po(\lambda)$ に従うとき，X の期待値と分散は次の式で与えられる。

$$E(X) = \lambda, \quad V(X) = \lambda \tag{4.26}$$

注意 4.9 注意 4.8 より，式 (4.24 a) と式 (4.24 b) で $np = \lambda$ を一定値に保ちながら $n \to \infty (p \to 0)$ の極限を取ることにより，式 (4.26) が得られる。ここで $p \to 0$ のとき $q \to 1$ であることを用いた。

二項分布 ($p = 1/5$) とポアソン分布の確率関数を**図 4.3** と**図 4.4** に示す。

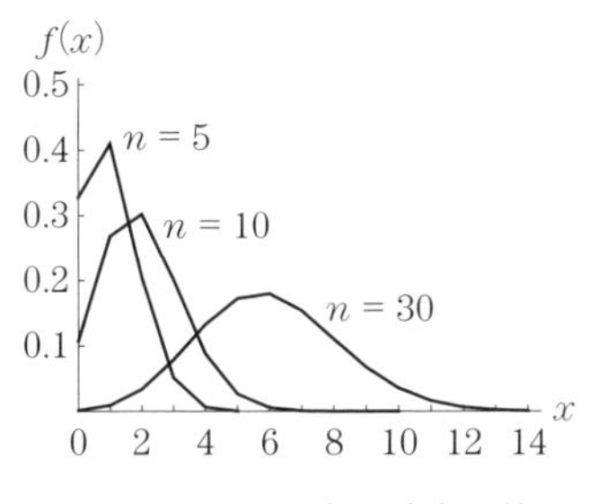

図 4.3 二項分布の確率関数

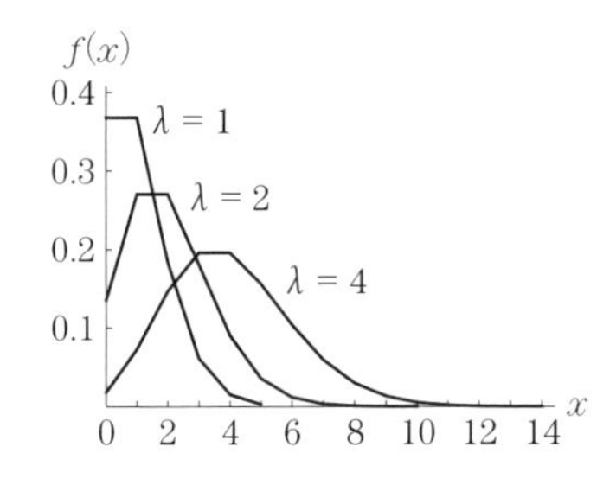

図 4.4 ポアソン分布の確率関数

例題 4.7 定理 4.8 を証明せよ。

証明 確率変数 X は二項分布 $B(n,p)$ に従うとき，成功する確率を p，失敗する確率を $q(=1-p)$ として，n 回中 x 回成功する確率が $f(x)$ である。例えば，最初から x 回連続して成功し残りをすべて失敗する確率が $p^x q^{n-x}$ に等しく，何回目に成功するかまで考えあわせると $p^x q^{n-x}$ の ${}_nC_x$ 倍が $f(x)$ に等しい。これは式 (4.23) を意味する。

二項定理より

$$\sum_{x=0}^{n} {}_nC_x p^x q^{n-x} = (p+q)^n \tag{4.27}$$

が成り立つ。式 (4.27) の両辺を p のみの関数とみなし，それぞれ p で微分した後 p を掛けると

$$\sum_{x=0}^{n} x\,{}_nC_x p^x q^{n-x} = np(p+q)^{n-1} \tag{4.28}$$

となる。式 (4.28) の左辺は定義式 (4.22 a) に照らすと確率変数 X の期待値 $E(X)$ であり，右辺に $p+q=1$ を代入すると式 (4.28) は式 (4.24 a) を意味する。

さらに式 (4.28) の両辺を p で微分した後 p を掛けると

$$\sum_{x=0}^{n} x^2\,{}_nC_x p^x q^{n-x} = np(p+q)^{n-1} + n(n-1)p^2(p+q)^{n-2} \tag{4.29}$$

となる。この式の左辺は $E(X^2)$ に等しく，右辺に $p+q=1$ を代入して式 (4.22 c) を用いると

$$\begin{aligned} V(X) &= E(X^2) - E(X)^2 \\ &= np + n(n-1)p^2 - (np)^2 \\ &= np - np^2 = npq \end{aligned}$$

を得る。ここに最後の等式でも再び $1-p=q$ を用いた。 □

練習 4.7 硬貨を 10 回投げて表の出る回数が 3 回以下である確率を求めよ。

例題 4.8 二項分布 $B(n,p)$ の確率関数 (4.23) に対し，$np=\lambda$ を一定値に保ちながら $n\to\infty(p\to 0)$ の極限を取ることにより，ポアソン分布 $Po(\lambda)$ の確率関数 (4.25) が得られることを示せ。

証明 式 (4.23) で $np=\lambda$ とおくと

$$
\begin{aligned}
f(x) &= \frac{n(n-1)\cdots(n-x+1)}{x!}p^x q^{n-x} \\
&= \frac{n(n-1)\cdots(n-x+1)}{x!n^x}(np)^x(1-p)^{n-x} \\
&= \frac{\lambda^x}{x!}\left(1-\frac{1}{n}\right)\cdots\left(1-\frac{x-1}{n}\right)\left(1-\frac{\lambda}{n}\right)^{n-x} \\
&= \frac{\lambda^x}{x!}\left(1-\frac{1}{n}\right)\cdots\left(1-\frac{x-1}{n}\right)\left\{\left(1-\frac{\lambda}{n}\right)^{-n/\lambda}\right\}^{-\lambda}\left(1-\frac{\lambda}{n}\right)^{-x} \\
&\to \frac{\lambda^x}{x!}e^{-\lambda} \quad (n\to\infty)
\end{aligned}
$$

を得る。最後の等式で極限公式 (2.7 b) を用いた。もう少し詳しく説明すると

$$
\left\{\left(1-\frac{\lambda}{n}\right)^{-n/\lambda}\right\}^{-\lambda}
$$

の項で $h=-\lambda/n$ とおくと，$n\to\infty$ のとき $h\to 0$ であるから

$$
\begin{aligned}
\lim_{n\to\infty}\left\{\left(1-\frac{\lambda}{n}\right)^{-n/\lambda}\right\}^{-\lambda} &= \lim_{h\to 0}\left\{(1+h)^{1/h}\right\}^{-\lambda} \\
&= e^{-\lambda}
\end{aligned}
$$

と式を変形できるのである。 □

練習 4.8 0 または 1 から成る非常に長い数字の列があり，1000 個に 1 個の割合で 1 であることがわかっている。この数字の列から無作為に 2000 個の数字を取り出したとき，1 の個数が X であるとする。確率変数 X はどのような確率分布に従うか。また，確率変数 X の確率関数を $f(x)$ とするとき，$f(0)$, $f(1)$, $f(2)$, $f(3)$, $\displaystyle\sum_{x=4}^{\infty} f(x)$ を求めよ。

4.7 離散一様分布

離散確率変数の重要な確率分布の最後の例として，離散一様分布を取り上げる。

定義 4.13 (離散一様分布) 次の確率関数

$$f(x) = \begin{cases} \dfrac{1}{b-a+1} & (x = a, a+1, \cdots, b-1, b \text{ のとき}) \\ 0 & (\text{その他}) \end{cases} \tag{4.30}$$

で定められる確率分布，言い換えると $X = a, a+1, \cdots, b-1, b$ をそれぞれ等しい確率で取る確率分布を**離散一様分布**という。

例 4.9 サイコロの出目 X は $a = 1, b = 6$ の離散一様分布に従う。

定理 4.10 確率関数 $f(x)$ が式 (4.30) で与えられる離散一様分布に従う確率変数 X の期待値と分散は次の式で与えられる。

$$E(X) = \frac{a+b}{2} \tag{4.31 a}$$

$$V(X) = \frac{(b-a+1)^2 - 1}{12} \tag{4.31 b}$$

例 4.10 サイコロの出目 X の期待値と分散を求めよう。定理 4.10 に $a = 1$, $b = 6$ を代入して次の値を得る。

$$E(X) = \frac{1+6}{2} = \frac{7}{2} = 3.5$$

$$V(X) = \frac{(6-1+1)^2 - 1}{12} = \frac{35}{12} = 2.92$$

例題 4.9 定理 4.10 を証明せよ。

証明 式 (4.22 a) より

$$E(X) = \sum_{x=a}^{b} xf(x) = \frac{1}{b-a+1}\sum_{x=a}^{b} x$$
$$= \frac{1}{b-a+1}\{a + (a+1) + \cdots + (b-1) + b\}$$

である。ここで波括弧†の中を A とおくと

$$2A = (a+b)(b-a+1), \qquad A = \frac{(a+b)(b-a+1)}{2}$$

より，式 (4.31 a) が従う。

$$E(X^2) = \sum_{x=a}^{b} x^2 f(x) = \frac{1}{b-a+1}\sum_{x=a}^{b} x^2$$
$$= \frac{1}{b-a+1}\left\{a^2 + (a+1)^2 + \cdots + (b-1)^2 + b^2\right\}$$
$$= \frac{1}{b-a+1}\left\{\frac{b(b+1)(2b+1)}{6} - \frac{(a-1)a(2a-1)}{6}\right\}$$

ここで，最後の等式で式 (2.15) を用いた。また，波括弧の中はその形から $b-a+1$ で割り切れるはずであるから，実際に割り算を実行すると

$$E(X^2) = \frac{2a^2 + 2ab + 2b^2 + b - a}{6}$$

であることがわかる。ここで式 (4.22 c) を用いて

$$V(X) = E(X^2) - E(X)^2 = \frac{2a^2 + 2ab + 2b^2 + b - a}{6} - \left(\frac{a+b}{2}\right)^2$$

より，式 (4.31 b) が成り立つ。 □

練習 4.9 1 から 100 までの数が書かれたカードが各 1 枚ずつ，計 100 枚ある。このカードをよく切って 1 枚選んだとき，カードに書いてある数 X の期待値と分散を求めよ。

† 日本では { } を中括弧，[ ] を大括弧ということがある。欧米では括弧の入れ子を { [( )] } のように用いる習慣があり，役割としては { } のほうが大括弧である。本書では混乱を避けるため，{ } を波括弧，[ ] を角括弧と呼ぶことにする。

4.8　確率分布 — 連続変数の場合

この節では，確率変数 X が連続変数の場合について，確率分布を導入する。

定義 4.14　(**確率密度関数**)　任意の $a \leqq b$ に対し，連続確率変数 X が $a \leqq x \leqq b$ に値を取る確率が，$f(x) \geqq 0$ をみたす関数 $f(x)$ によって

$$P(a \leqq x \leqq b) = \int_a^b f(x)dx \quad \left(ただし \int_{-\infty}^{+\infty} f(x)dx = 1\right)$$

で与えられるとき，$f(x)$ を確率変数 X の**確率密度関数**といい，X は $f(x)$ により定まる**確率分布**に従うという。

例 4.11　$f(x) = \begin{cases} |x| & (-1 \leqq x \leqq 1) \\ 0 & (その他) \end{cases}$　のとき，$f(x) \geqq 0$ で $\displaystyle\int_{-\infty}^{+\infty} f(x)dx = 1$ が成り立つので，確率密度関数である。

定理 4.11　連続確率変数 X の確率密度関数が $f(x)$ のとき，次の (1), (2) が成り立つ。

$$(1)\quad E(X) = \int_{-\infty}^{+\infty} xf(x)dx \tag{4.32 a}$$

$$(2)\quad V(X) = \int_{-\infty}^{+\infty} (x - E(X))^2 f(x)dx \tag{4.32 b}$$

$$= E(X^2) - E(X)^2 \tag{4.32 c}$$

注意 4.10　定理 4.11 は定理 4.7 の連続版である。例題 4.6 を参照せよ。

連続確率変数の確率分布の重要な例として，まず連続一様分布を導入する。

定義 4.15　(**連続一様分布**)　次の確率密度関数

$$f(x) = \begin{cases} \dfrac{1}{b-a} & (a \leqq x \leqq b \text{ のとき}) \\ 0 & (\text{その他}) \end{cases} \tag{4.33}$$

で定められる確率分布を区間 $[a, b]$ 上の**連続一様分布**という。

例 4.12　15 分間隔で電車が到着する駅にダイヤを知らずに到着したときの待ち時間を X〔分〕とするとき，X は区間 $[0, 15]$ 上の連続一様分布と考えられる。このとき確率密度関数は次のようになる。

$$f(x) = \begin{cases} \dfrac{1}{15} & (0 \leqq x \leqq 15 \text{ のとき}) \\ 0 & (\text{その他}) \end{cases}$$

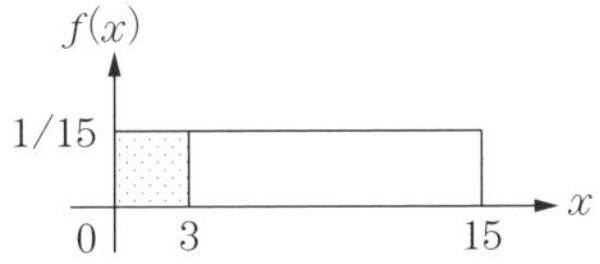

$f(x)$ のグラフを**図 4.5** に示す。

図 4.5　$f(x)$ のグラフ

このとき，待ち時間が例えば 3 分以内である確率は

$$P(0 \leqq X \leqq 3) = \int_0^3 f(x)dx = \left[\frac{x}{15}\right]_0^3 = \frac{1}{5}$$

であり，図 4.5 のドット部の面積に等しい。

定理 4.12　確率密度関数 $f(x)$ が式 (4.33) で与えられる連続一様分布に従う確率変数 X の期待値と分散は次の式で与えられる。

$$E(X) = \frac{a+b}{2} \tag{4.34 a}$$

$$V(X) = \frac{(b-a)^2}{12} \tag{4.34 b}$$

次に，統計学で最も重要な確率分布である正規分布について説明する。

定義 4.16 (正規分布)　連続確率変数 X が次の確率密度関数

$$f(x) = \frac{1}{\sqrt{2\pi}\sigma} e^{-\frac{(x-\mu)^2}{2\sigma^2}} \tag{4.35}$$

をもつとき，X は**正規分布** $N(\mu, \sigma^2)$ に従うという。正規分布を規定する二つのパラメータ μ, σ^2 をそれぞれ X の**母平均**，**母分散**という。$\mu = 0$, $\sigma^2 = 1$ である正規分布 $N(0, 1)$ を**標準正規分布**という。

正規分布 $N(\mu, \sigma^2)$ の確率密度関数の式 (4.35) は**図 4.6** のような概形をしている。確率密度関数 $f(x)$ は $x = \mu$ を中心とした左右対称のつりがね型である。母分散 σ^2 の平方根 σ を**母標準偏差**という。図 4.6 のように，$x = \mu \pm \sigma$ は $f(x)$ の変曲点[†1]となっている。

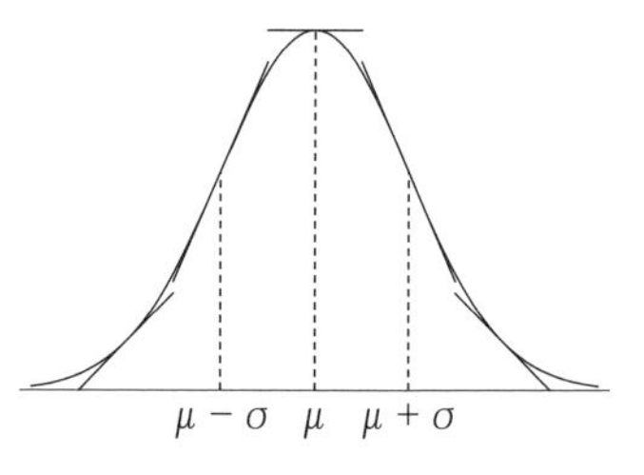

図 4.6　正規分布の確率密度関数

注意 4.11　正規分布は元々誤差の分布として研究された。実験で同じ量を繰り返し測定するとき，その測定値は正規分布すると考えられる。また，DNA が同一の一卵性双生児の身長や体重の違いは誤差とみなせるので，多数いれば正規分布になる。

しかし，1 組の一卵性双生児は 2 人だけで，統計学は通常 2 より多数のデータを対象にするものである。そこで，誤差とみなせない場合であっても，大まかには同一と考えられる母集団での連続変数の測定値，例えば「① 日本人，② 成人，③ 男性の身長」は近似的に正規分布していると考えるのである。

上の例で母集団を規定する三つの要素のうち，① を例えばオランダ人に変えてもよい[†2]。② は例えば 17 歳のように年齢別にしてもよい。また，③ は女性に変えてもよい[†3]。さらに，身長を体重に変えても近似的に正規分布すると考えてよい。

[†1] 幾何学的には，この点での接線が $f(x)$ と交差する点である。図 4.6 のように $\mu-\sigma < x < \mu+\sigma$ での接線は曲線より上にあり，$|x-\mu| > \sigma$ での接線は曲線より下にある。

[†2] しかし，日本人とオランダ人とでは平均身長が違いすぎて同一の母集団とは考えられない。だから，日本人とオランダ人の成人男性の身長は正規分布しない。

[†3] ただし，男性と女性では平均身長が違いすぎて同一の母集団には入れられない。

定理 4.13　確率変数 X が正規分布 $N(\mu, \sigma^2)$ に従うとき，$Z = (X - \mu)/\sigma$ と変換すると，Z は標準正規分布 $N(0, 1)$ に従う。

証明　正規分布は連続な確率変数に対する確率分布だから，確率変数 X が $a \leqq X \leqq b$ である確率は

$$P(a \leqq X \leqq b) = \int_a^b f(x)dx = \int_a^b \frac{1}{\sqrt{2\pi}\sigma} e^{-\frac{(x-\mu)^2}{2\sigma^2}} dx$$

で与えられる。ここで $Z = (X - \mu)/\sigma$ に対応して，$z = (x - \mu)/\sigma$ と変数変換して，$z_a = (a - \mu)/\sigma$, $z_b = (b - \mu)/\sigma$ とおくと，$dz = dx/\sigma$ であるから

$$P(a \leqq X \leqq b) = P(z_a \leqq Z \leqq z_b) = \int_{z_a}^{z_b} \frac{1}{\sqrt{2\pi}} e^{-\frac{z^2}{2}} dz \tag{4.36}$$

となる。式 (4.36) の被積分関数は式 (4.35) で $\mu = 0$, $\sigma^2 = 1$ とおいたものである。よって，Z は標準正規分布 $N(0, 1)$ に従う。　□

注意 4.12　標準正規分布 $N(0, 1)$ に従う確率変数 Z の値が z 以下である確率

$$P(Z \leqq z) = \int_{-\infty}^{z} \frac{1}{\sqrt{2\pi}} e^{-\frac{z^2}{2}} dz$$

については，巻末の付表 1 を参照のこと。$N(0, 1)$ は $z = 0$ に関して対称だから

$$P(-z \leqq Z \leqq z) = 2P(Z \leqq z) - 1$$

より付表 1 と合わせて，母平均 μ との差が母標準偏差 σ の 1 倍，2 倍，3 倍の範囲内に約 68.3%, 95.4%, 99.7%の相対度数が存在することがわかる（**図 4.7**）。また，以下の事実は以後しばしば用いるので覚えておこう。

$$P(\mu - 1.96\sigma \leqq X \leqq \mu + 1.96\sigma) = P(-1.96 \leqq Z \leqq 1.96) = 0.95 \tag{4.37}$$

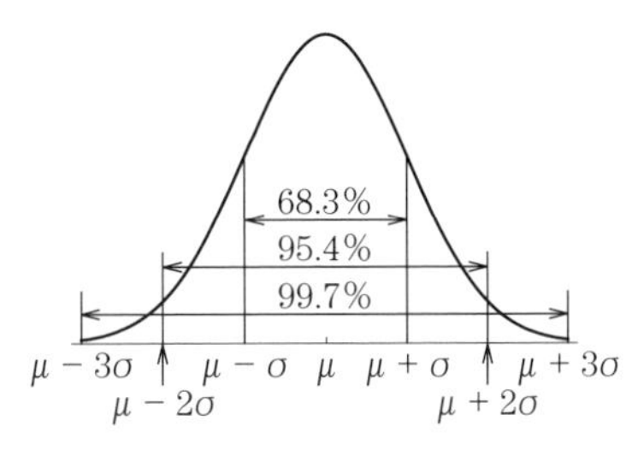

図 4.7　正規分布の重要な性質

例題 4.10　定理 4.12 を証明せよ。

証明　式 (4.32 a) より

$$E(X) = \int_{-\infty}^{+\infty} xf(x)dx$$

であるが，$x < a$ または $x > b$ で $f(x) = 0$ であるから

$$E(X) = \int_a^b xf(x)dx$$

となる。さらに，$a \leqq x \leqq b$ で $f(x)$ は定数であるから積分の外にくくりだすことができて

$$\begin{aligned} E(X) &= \frac{1}{b-a}\int_a^b xdx = \frac{1}{b-a}\left[\frac{x^2}{2}\right]_a^b \\ &= \frac{1}{b-a}\frac{b^2-a^2}{2} = \frac{1}{b-a}\frac{(b-a)(a+b)}{2} \\ &= \frac{a+b}{2} \end{aligned}$$

を得る。

次に，式 (4.32 b) より

$$V(X) = \int_{-\infty}^{+\infty} (x - E(X))^2 f(x)dx = \int_{-\infty}^{+\infty} \left(x - \frac{a+b}{2}\right)^2 f(x)dx$$

である。ここで $E(X) = (a+b)/2$ を用いた。$x < a$ または $x > b$ で $f(x) = 0$ であること，および $a \leqq x \leqq b$ で $f(x)$ が定数であることを用いて

$$\begin{aligned} V(X) &= \frac{1}{b-a}\int_a^b \left(x - \frac{a+b}{2}\right)^2 dx = \frac{1}{b-a}\left[\frac{1}{3}\left(x - \frac{a+b}{2}\right)^3\right]_a^b \\ &= \frac{1}{3(b-a)}\left(\left(\frac{b-a}{2}\right)^3 - \left(\frac{a-b}{2}\right)^3\right) \\ &= \frac{(b-a)^2}{12} \end{aligned}$$

を得る。　□

練習 4.10　例 4.12 における待ち時間 X 分の期待値と分散を求めよ。

例題 4.11 連続確率変数 X の確率密度関数が式 (4.35) のとき，X の期待値と分散は $E(X)=\mu,\ V(X)=\sigma^2$ で与えられることを示せ。

証明 全確率 $P(-\infty < X < +\infty)=1$ であるから

$$\int_{-\infty}^{+\infty}\frac{1}{\sqrt{2\pi\sigma^2}}e^{-\frac{(x-\mu)^2}{2\sigma^2}}dx=\frac{1}{\sqrt{2\pi}}\int_{-\infty}^{+\infty}e^{-\frac{z^2}{2}}dz=1 \tag{4.38}$$

が成り立つ。ここで最初の等式では，$z=(x-\mu)/\sigma$ と変数変換した。式 (4.38) の積分計算は本書の程度を超えるが，$E(X)$ や $V(X)$ をこれらの式に帰着させることにより計算しよう。

まず，式 (4.32 a) より

$$E(X)=\frac{1}{\sqrt{2\pi}\sigma}\int_{-\infty}^{+\infty}xe^{-\frac{(x-\mu)^2}{2\sigma^2}}dx$$

であるが，$z=(x-\mu)/\sigma$ と変数変換すると $x=\mu+\sigma z$ より

$$E(X)=\frac{1}{\sqrt{2\pi}}\int_{-\infty}^{+\infty}(\mu+\sigma z)e^{-\frac{z^2}{2}}dz=\mu-\frac{\sigma}{\sqrt{2\pi}}\left[e^{-\frac{z^2}{2}}\right]_{-\infty}^{+\infty}=\mu$$

を得る。次に，式 (4.32 b) より

$$V(X)=\frac{1}{\sqrt{2\pi}\sigma}\int_{-\infty}^{+\infty}(x-E(X))^2e^{-\frac{(x-\mu)^2}{2\sigma^2}}$$

であるが，$E(X)=\mu$ を代入し，$z=(x-\mu)/\sigma$ と変数変換すると

$$\begin{aligned}V(X)&=\frac{1}{\sqrt{2\pi}}\int_{-\infty}^{+\infty}(\sigma z)^2e^{-\frac{z^2}{2}}dz\\&=-\frac{\sigma^2}{\sqrt{2\pi}}\left[ze^{-\frac{z^2}{2}}\right]_{-\infty}^{+\infty}+\frac{\sigma^2}{\sqrt{2\pi}}\int_{-\infty}^{+\infty}(z)'e^{-\frac{z^2}{2}}dz=\sigma^2\end{aligned}$$

を得る。いずれの式の導出にも式 (4.38) を用いた。 □

練習 4.11 40 代男性のヘモグロビン A1c（NGSP 値）の平均値は 5.6%，標準偏差 0.7%であるとする。このとき巻末の付表 1 を用いて，ヘモグロビン A1c が 6.2%以上である確率を求めよ。また，両側 95%となるヘモグロビン A1c の範囲を求めよ。

章 末 問 題

【1】 ダウン症とは 21 番染色体が計 3 本存在する（21 番染色体トリソミー）ことによって発症する先天性の症候群である。ある出生前検査（無侵襲的出生前検査，NIPT 検査）におけるダウン症の検査精度は，感度（胎児がダウン症であるとき検査で陽性になる確率）が 99.1%であり，特異度（胎児がダウン症でないとき検査で陰性になる確率）が 99.9%であることがわかっている。

一方，母親の出産年齢が 40 歳以上の場合，ダウン症の発生頻度は 1/100 であるとされている。40 歳以上の妊婦が NIST 検査で陽性と診断されたという条件のもとで，お腹にいる胎児がダウン症に罹患している確率（陽性的中率）を求めよ。また，陰性と診断されたという条件のもとで，お腹にいる胎児がダウン症に罹患していない確率（陰性的中率）を求めよ。

【2】 長さ 1 の線分 AB 上に，（点 A から近い順に）2 点 P, Q を取る。このとき，AP, PQ, QB が三角形の 3 辺になり得る確率を求めよ。

【3】 日本人の 38%が A 型である。ある学科の新入生 40 名中，A 型の学生が X 人いるとする。確率変数 X の確率関数を $f(x) = P(X = x)\,(x = 0, 1, 2, \cdots, 40)$ とするとき，$f(x)$ の最大値と最大値を与える x の値を求めよ。

【4】 確率変数 Z が標準正規分布 $N(0, 1^2)$ に従うとき，付表 1 を参考にして，次の問に答えよ。

(1) 確率変数 Z が $1.2 \leqq Z \leqq 1.4$ の範囲にある確率 $P(1.2 \leqq Z \leqq 1.4)$ を求めよ。また，$-1.2 \leqq Z \leqq 1.4$ の範囲にある確率 $P(-1.2 \leqq Z \leqq 1.4)$ を求めよ。

(2) $P(-k \leqq Z \leqq k) = 0.762$ となるように，k の値を定めよ。

5 統　計

いま統計学が熱い。数学の中でも最も役に立つ分野の一つであり，一般書でも統計学関連の本が人気を呼んでいる。理工系から医療系・社会科学に至るまで，研究成果をまとめる際お世話になることが多いのが統計学である。

統計学はその基礎を確率論におく。その意味では，第 4 章を十分理解してから本章に取り組むことをお勧めする。また，統計学の基礎が確率であることから，数学のほかの分野とは違った思考様式が必要とされる。

本章の前半で二つの変数の間の**相関係数**について学ぶ。相関係数は -1 と $+1$ の間の値を取り，± 1 に近いほど相関が高いというが，相関が高くても二つの変数の間に因果関係があることを意味しないことに留意しなければならない。

本章の後半で，**検定**と**推定**について学ぶ。その中に**独立性の検定**があり，二つの因子が無関係かどうかを検証することがある。ここでも一見関係があるように見えて，じつは**隠れた変数**による疑似関係のことがある。

いまから 30 年以上前の健康診断のデータで，多数の測定結果と調査結果から血圧と学歴のデータを取り出すと，学歴が高くなるにつれ高血圧症が減少する傾向が観察された。調べてみると，隠れた変数は年齢であった。10 歳幅の年齢層に分けると，高校・大学進学率の経年上昇に伴って年齢層が下がるにつれて高学歴の人が増える傾向にあった。一般に年齢が上がると高血圧症のリスクは増大するが，同じ年齢層の中では学歴と高血圧症は無関係であったのである。

このことは半可通の理解で統計学を使うと誤った結論を導く可能性があることを意味する。本章では，基礎をしっかり理解した上で具体例に即しながら統計学のさまざまな手法を身に付けることを目標にする。

5.1 資料の整理

この節では，実験や観察で得られた資料（データ）の整理法や基本的な統計量について説明する。

定義 5.1 (母集団)　実験や観察などを行う場合，考えている対象全体を**母集団**（population）という。母集団に含まれる対象が有限個の場合は**有限母集団**といい，母集団に含まれる対象が無限個の場合は**無限母集団**という。

定義 5.2 (全数調査と標本調査)　母集団の性質を調べるため実験や観察などで調査するとき，母集団全体を調査することを**全数調査**という。母集団から一部を抽出したものを**標本**（sample）といい，母集団から一部を抽出して調査することを**標本調査**という。

例 5.1　有名な全数調査の例として，わが国で5年に一度行われる国勢調査がある。一方で，ほとんどの調査は標本調査である。一般に，漏れなくすべて調査するには多大な費用と時間が掛かるからである。

また，無限母集団の場合は全数調査することはできない。理科の実験は通常何回も繰り返し行うことができるから，実験の測定値（の集合）は無限母集団である。実際には測定を数回行って平均を取ることが多いが，それは原理的に全数調査できない性質のものだからである。

全国規模の模擬試験の場合，受験者全員を母集団と考えれば全数調査であり，受験者全員を含む同学年を母集団と考えれば標本調査である†。

† しかしこの場合，模擬試験は自発的に受けるのが普通であるから，無作為抽出ではない。標本の抽出方法については無作為抽出かそれに近い方法であることが望ましい。

次に，母集団についての基本的な統計量について定義する。

定義 5.3 （母平均・母分散）　母集団におけるある確率変数 X の値が x_1, $x_2, \cdots, x_N$ であるとする（N は母集団の元の数）。このとき，**母平均** μ と**母分散** σ^2 を次のように定義する。

$$\mu := \frac{x_1 + x_2 + \cdots + x_N}{N} \tag{5.1 a}$$

$$\sigma^2 := \frac{(x_1 - \mu)^2 + (x_2 - \mu)^2 + \cdots + (x_N - \mu)^2}{N} \tag{5.1 b}$$

また，母分散 σ^2 の正の平方根 $\sigma = \sqrt{\sigma^2}$ を**母標準偏差**という。

次に，データ整理の基本である度数分布表について説明する。

定義 5.4 （度数分布表）　母集団から抽出した標本値（データ）が $x_1, x_2, \cdots, x_n$ であるとする（n は標本数）。標本値をいくつかの**階級**（class）に分けるとき，各階級に属する標本の個数を**度数**（frequency）という。

標本数 n を k 個の階級に分けた度数分布表で，階級に値の低い順に 1 から k まで番号を付ける。各階級の度数を $f_i\,(1 \leqq i \leqq k)$ とするとき，$p_i := f_i/n$ を階級 i の**相対度数**という。

階級 i 以下の度数の総和である $c_i := f_1 + f_2 + \cdots + f_i$ を**累積度数**という。累積度数の標本数 n に対する比 $q_i := c_i/n$ を**累積相対度数**という。

注意 5.1　階級を区別する方法として，定義 5.4 のように階級に番号を付けるのではなく，**階級値**で区別する方法がある。階級値とは，もしその階級が一つの値から成る場合はその値，階級がある幅をもった区間である場合はその区間の中点とする。

階級が一つの値から成るのは，確率変数が離散量である場合だけである。100 点満点の試験の点数のように，整数値しか取らない離散量の場合でも，60 点台が何名，70 点台が何名，$\cdots$，のように幅をもつ階級で度数分布表を作る場合がある。

連続変数の場合は必然的に階級は幅をもつ。例えば，体重測定の結果を 2 kg 刻みで階級分けした場合，50 kg 以上 52 kg 未満の階級の階級値は 51 kg である。

定義 5.5　(中央値・最頻値)　**中央値**（median）とは，標本値を大きさの順に並べたとき，ちょうど真ん中の標本値（標本数が偶数のときは真ん中の二つの平均値）である。

最頻値（mode）とは，最も度数の多い階級値である。

注意 5.2　標本値を大きさの順に $x_1 \leqq x_2 \leqq \cdots \leqq x_n$ と並べたとき，$n = 2m-1$（奇数）のときはちょうど真ん中の標本値が存在して，x_m が中央値となる。$n = 2m$（偶数）のときは，x_m と x_{m+1} の平均値 $(x_m + x_{m+1})/2$ が中央値となる。

体重測定の結果を 2 kg 刻みで階級分けした場合，60 kg 以上 62 kg 未満の階級に属する人が度数 10 人で最大だったとする。この場合の最頻値は 60 kg 以上 62 kg 未満の階級の階級値である 61 kg である。最大度数である 10 を最頻値と答える間違いが多いので注意すること。

定義 5.6　(標本平均・標本分散・不偏分散)　母集団から抽出した標本値が $x_1, x_2, \cdots, x_n$ であるとする（n は標本数）。このとき，**標本平均** $\overline{x}$ と**標本分散** s^2, **不偏分散** u^2 を次のように定義する。

$$\overline{x} := \frac{x_1 + x_2 + \cdots + x_n}{n} \tag{5.2 a}$$

$$s^2 := \frac{(x_1 - \overline{x})^2 + (x_2 - \overline{x})^2 + \cdots + (x_n - \overline{x})^2}{n} \tag{5.2 b}$$

$$u^2 := \frac{(x_1 - \overline{x})^2 + (x_2 - \overline{x})^2 + \cdots + (x_n - \overline{x})^2}{n-1} \tag{5.2 c}$$

また，標本分散 s^2 の正の平方根 $s = \sqrt{s^2}$ を**標本標準偏差**といい，不偏分散 u^2 の正の平方根 $u = \sqrt{u^2}$ を**不偏標準偏差**という。

注意 5.3　標本分散 s^2 と不偏分散 u^2 の違いは，偏差 $x_i - \overline{x}$ の平方和を標本数 n で割るか $n-1$ で割るかの違いである。標本分散は母分散の推定量としては小さく偏る傾向があった。そこで標本数 n で割る代わりに $n-1$ で割ってその偏りをなくしたのが不偏分散である。定理 5.8 を参照のこと。

例題 5.1　次のデータは，A 町における昨年 11 月の毎日の交通事故件数の記録である。このデータについて，次の問に答えよ。

交通事故件数の記録

2	1	0	4	3	2	5	2	1	2
0	2	0	1	2	3	2	1	3	4
1	2	1	3	0	2	1	3	3	4

(1)　このデータについて，件数ごとにそれが起こった日数を度数として，度数分布表を完成させよ。

(2)　毎日の交通事故件数に関する最頻値および中央値を求めよ。

(3)　毎日の交通事故件数の平均値および標準偏差を求めよ。

解答例　(1)　**表 5.1** の度数分布表のとおりである。

表 5.1　度数分布表

件数	0	1	2	3	4	5	計
度数	4	7	9	6	3	1	30

(2)　表 5.1 より，最頻値，中央値ともに 2 件である。

(3)　平均値は

$$\frac{0 \times 4 + 1 \times 7 + 2 \times 9 + 3 \times 6 + 4 \times 3 + 5 \times 1}{30} = \frac{60}{30} = 2$$

である。このデータは昨年 11 月の毎日の交通事故件数を 30 日分すべて調べたので全数調査と考えられる†。よって，ここでの標準偏差は母標準偏差を求めると考えるのが妥当であるから

$$\sqrt{\frac{(0-2)^2 \times 4 + (1-2)^2 \times 7 + \cdots + (5-2)^2 \times 1}{30}} = 1.29$$

である。◆

練習 5.1　次の関係式が成り立つことを示せ。

$$s^2 = \overline{x^2} - \overline{x}^2 \tag{5.3}$$

† もっと長い期間（例えば昨年 1 年間）が調査対象でその一部を抽出するなら，11 月だけを調べるということはないであろう。

5.2 回帰と相関

前節でデータの整理法について学んだが，健康診断で測定した身長と体重など，二つの変数を1組にして扱ったほうがよいデータもある。この節では，このような対応のある2変量データの関連について説明する。

定義 5.7 (**散布図**)　n 組のデータ $(x_1, y_1), \cdots (x_n, y_n)$ を xy 平面上にプロットしたものを**散布図**という。

定義 5.8 (**共分散**)　n 組のデータ $(x_1, y_1), \cdots (x_n, y_n)$ に対して，x と y の**共分散** s_{xy} を次のように定義する。

$$s_{xy} := \frac{(x_1 - \overline{x})(y_1 - \overline{y}) + \cdots + (x_n - \overline{x})(y_n - \overline{y})}{n} \tag{5.4}$$

注意 5.4　共分散 s_{xy} に関して，次の関係が成り立つ[†]。

$$s_{xy} = \overline{xy} - \overline{x}\,\overline{y} \tag{5.5}$$

定義5.7のデータがおもりの質量 x〔g〕とばねの長さ y〔cm〕なら散布図にプロットされた点は一直線上に並ぶことが期待される。身長 x〔cm〕と体重 y〔kg〕なら一直線上に並ぶことはないが，大まかな傾向として x の値が増えると y の値が増えることが期待される。散布図上の n 個の点の「最も近く」を通る直線を引くにはどうしたらよいだろうか。この問題の答は次の命題で与えられる。

命題 5.1　n 組のデータ $(x_1, y_1), \cdots (x_n, y_n)$ に対して

$$s_{y \cdot x}^2 = \frac{(a_0 + a_1 x_1 - y_1)^2 + \cdots\cdots + (a_0 + a_1 x_n - y_n)^2}{n} \tag{5.6}$$

---

† 証明は式 (5.3) の証明とほぼパラレルである。練習 5.1 の解答を参照せよ。

を最小にする a_0, a_1 は次の連立方程式をみたす。

$$\begin{cases} \overline{y} = a_0 + a_1\overline{x} \\ \overline{xy} = a_0\overline{x} + a_1\overline{x^2} \end{cases} \tag{5.7}$$

証明　式 (5.6) は文字ばかりでクラクラするが，よく見ると (x_i, y_i) には具体的な数値が入るので，未定の変数は a_0 と a_1 だけである。一般にはここで偏微分を用いるが，式 (5.6) は 2 次式なので平方完成すればよい。

$$s_{y\cdot x}^2 = a_0^2 + \frac{2a_0}{n}\sum_{i=1}^{n}(a_1x_i - y_i) + \frac{a_1^2}{n}\sum_{i=1}^{n}x_i^2 - \frac{2a_1}{n}\sum_{i=1}^{n}x_iy_i + \frac{1}{n}\sum_{i=1}^{n}y_i^2$$

より

$$\begin{aligned} s_{y\cdot x}^2 &= a_0^2 + 2a_0(a_1\overline{x} - \overline{y}) + a_1^2\overline{x^2} - 2a_1\overline{xy} + \overline{y^2} \\ &= (a_0 + a_1\overline{x} - \overline{y})^2 + a_1^2(\overline{x^2} - \overline{x}^2) - 2a_1(\overline{xy} - \overline{x}\,\overline{y}) + (\overline{y^2} - \overline{y}^2) \end{aligned}$$

となる。ここで，x と y の標本分散をそれぞれ $s_x^2 = \overline{x^2} - \overline{x}^2$, $s_y^2 = \overline{y^2} - \overline{y}^2$ と記すこととし，式 (5.5) を用いると

$$s_{y\cdot x}^2 = (a_0 + a_1\overline{x} - \overline{y})^2 + s_x^2\left(a_1 - \frac{s_{xy}}{s_x^2}\right)^2 - \frac{s_{xy}^2}{s_x^2} + s_y^2 \tag{5.8}$$

となる。式 (5.8) の形から，右辺の第 1 項と第 2 項が 0 になればよい。式 (5.8) の右辺の第 1 項が 0 という条件から式 (5.7) の第 1 式を得る。また，式 (5.8) の右辺の第 1 項が 0 という条件は，式 (5.7) から a_0 を消去した式† と同じである。 □

定義 5.9 (回帰直線)　n 組のデータ $(x_1, y_1), \cdots (x_n, y_n)$ に対して，式 (5.7) により定まる a_0, a_1 を係数にもつ直線 $y = a_0 + a_1x$ を，y の x に関する**回帰直線**という。

注意 5.5　定義 5.9 で，y を独立変数，x を従属変数とみなすと，x の y に関する回帰直線 $x = b_0 + b_1y$ を同様に決定できる。しかし，これを y について解いても，一般には y の x に関する回帰直線 $y = a_0 + a_1x$ には一致しない。

† 式 (5.7) の第 1 式を $\overline{x}$ 倍した式を第 2 式から引けばよい。

定義 5.10　(**単相関係数**)　(x, y) の n 組のデータに対して，x と y の**単相関係数** r_{xy} を次のように定義する。

$$r_{xy} = \frac{1}{n}\sum_{k=1}^{n}\frac{x_k - \overline{x}}{s_x}\frac{y_k - \overline{y}}{s_y} \tag{5.9}$$

注意 5.6　x と y の単相関係数 r_{xy} の定義式 (5.9) と共分散 s_{xy} の定義式 (5.4) とを合わせると，次の関係式を得る。

$$r_{xy} = \frac{s_{xy}}{s_x s_y} \tag{5.10}$$

式 (5.6) より $s_{y\cdot x}^2 \geqq 0$ なので，式 (5.8) と合わせて

$$s_{y\cdot x}^2 = -\frac{s_{xy}^2}{s_x^2} + s_y^2 = s_y^2\left(-\frac{s_{xy}^2}{s_x^2 s_y^2} + 1\right) = s_y^2(-r_{xy}^2 + 1) \geqq 0 \tag{5.11}$$

が成り立つ†。よって，$r_{xy}^2 \leqq 1$, すなわち $-1 \leqq r_{xy} \leqq 1$ である。

相関係数 r_{xy} が 1 に近いほど，強い**正の相関**があるといい，相関係数 r_{xy} が -1 に近いほど，強い**負の相関**があるという（**図 5.1**）。$r_{xy} = 1$ のとき，すべてのデータは正の傾きをもつ回帰直線上にある。一方，$r_{xy} = -1$ のとき，すべてのデータは負の傾きをもつ回帰直線上にある。

また，式 (5.11) より，次の関係式が成り立つ。

$$1 - r_{xy}^2 = \frac{s_{y\cdot x}^2}{s_y^2} \tag{5.12}$$

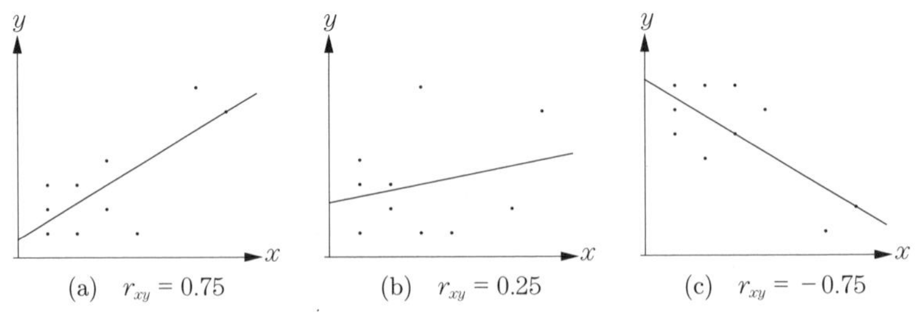

図 5.1　相関係数と散布図（直線は回帰直線）

† 式 (5.8) に式 (5.7) を代入したものを改めて $s_{y\cdot x}^2$ とおいた。

例題 5.2 次の女子大学生 10 人の身長（x〔cm〕）と体重（y〔kg〕）のデータを見て，次の問に答えよ。

身長	156	167	162	164	160	155	159	158	154	170
体重	55	59	54	54	56	49	56	49	48	58

(1) 回帰直線の方程式 $y = a_0 + a_1 x$ を求めよ。

(2) x と y の相関係数 r を求めよ。

解答例 (1) まず，各種統計量を求める。

$$\overline{x} = (156 + 167 + \cdots + 170)/10 = 160.5$$

$$\overline{x^2} = (156^2 + 167^2 + \cdots + 170^2)/10 = 25785.1$$

$$\overline{y} = (55 + 59 + \cdots + 58)/10 = 53.8$$

$$\overline{y^2} = (55^2 + 59^2 + \cdots + 58^2)/10 = 2908$$

$$\overline{xy} = (156 \times 55 + 167 \times 59 + \cdots + 170 \times 58)/10 = 8649$$

$s_x^2 = \overline{x^2} - \overline{x}^2 = 24.85$, $s_y^2 = \overline{y^2} - \overline{y}^2 = 13.56$, $s_{xy} = \overline{xy} - \overline{x}\,\overline{y} = 14.1$ より

$$a_1 = \frac{s_{xy}}{s_x^2} = \frac{14.1}{24.85} = 0.567, \qquad a_0 = \overline{y} - a_1\overline{x} = -37.3$$

を得る。よって，回帰直線の方程式は次のとおりである。

$$y = 0.567x - 37.3$$

(2) (1) の計算結果から

$$r_{xy} = \frac{s_{xy}}{s_x s_y} = \frac{14.1}{\sqrt{24.85 \cdot 13.56}} = 0.768$$

を得る。 ◆

練習 5.2 y の x に関する回帰直線の傾き a_1 について，次の関係が成り立つ。

$$a_1 = r_{xy}\frac{s_y}{s_x} \tag{5.13}$$

また，回帰直線を次のように書き直すことができることを示せ。

$$\frac{y - \overline{y}}{s_y} = \frac{r_{xy}}{s_x}(x - \overline{x}) \tag{5.14}$$

5.3 重回帰と偏・重相関

ある病院の職員の給料と年齢および職種†との関係を調べる際など，三つの変数を1組にして扱ったほうがよいことがある。この節では，このような対応のある3変量データの関連について説明する。

命題 5.2　x, y を独立変数，z を従属変数とみなすとき

$$s_{z \cdot xy} = \frac{(a_0 + a_1 x_1 + a_2 y_1 - z_1)^2 + \cdots + (a_0 + a_1 x_n + a_2 y_n - z_n)^2}{n} \tag{5.15}$$

を最小にする a_0, a_1, a_2 は次の連立方程式をみたす。

$$\begin{cases} \overline{z} = a_0 + a_1 \overline{x} + a_2 \overline{y} \\ \overline{xz} = a_0 \overline{x} + a_1 \overline{x^2} + a_2 \overline{xy} \\ \overline{yz} = a_0 \overline{y} + a_1 \overline{xy} + a_2 \overline{y^2} \end{cases} \tag{5.16}$$

注意 5.7　命題5.1の証明とパラレルに証明できる。例題5.3を参照のこと。

定義 5.11 (回帰平面)　(x, y, z) の3変量データに対して，式(5.16)により定まる a_0, a_1, a_2 を係数にもつ平面 $z = a_0 + a_1 x + a_2 y$ を，z の x, y に関する**回帰平面**という。

注意 5.8　定義5.11で，y, z を独立変数，x を従属変数とみなすと，x の y, z に関する回帰平面 $x = b_0 + b_1 y + b_2 z$ を同様に決定できる。しかし，これを z について解いても，一般には z の x, y に関する回帰平面 $z = a_0 + a_1 x + a_2 y$ には一致しない。

† 職種については，例えば，医師を1，看護師を2，薬剤師を3，診療放射線技師を4，…などと数値化する。ただし，通常の変数のように「2」が「1」の2倍であるなどの関係はない。定義5.21で後述するように，これは名義尺度変数である。

以下，変数の名前を (x, y, z) から (x_1, x_2, x_3) と置き換える[†1]。また，$s_{3\cdot12}^2 := s_{x_3\cdot x_1x_2}^2$, $s_j^2 := s_{x_j}^2$, $s_{ij} := s_{x_ix_j}$ $(i, j = 1, 2, 3)$ とおく。

定義 5.12 (**重相関**) (x_1, x_2, x_3) の 3 変量データに対して，x_3 と x_1, x_2 の**重相関係数** $r_{3\cdot12}$ を次のように定義する。

$$r_{3\cdot12} = \sqrt{1 - \frac{s_{3\cdot12}^2}{s_3^2}} \tag{5.17}$$

注意 5.9 重相関係数は単相関係数と異なり，$0 \leqq r_{3\cdot12} \leqq 1$ であり，負の値を取ることはない。また，$r_{3\cdot12}$ は 1 に近いほど相関が高いという。

定義 5.13 (**偏相関**) 行列 $R = \begin{bmatrix} 1 & r_{12} & r_{13} \\ r_{12} & 1 & r_{23} \\ r_{13} & r_{23} & 1 \end{bmatrix}$ (ただし，$r_{ij} := r_{x_ix_j}$) に対し，その第 i 行と第 j 列を取り除いてできる行列を $R_{ij} \in M_2(\mathbb{R})$ とし，$\tilde{r}_{ij} := (-1)^{i+j}|R_{ij}|$ とおく[†2]。このとき，変数 x_2 の影響を取り除いたときの x_1 と x_3 の偏相関係数 $r_{31\cdot2}$ は

$$r_{31\cdot2} = -\frac{\tilde{r}_{31}}{\sqrt{\tilde{r}_{33}\tilde{r}_{11}}} \tag{5.18}$$

により与えられる。

命題 5.3 定義 5.13 の記号を用いると，x_3 の x_1, x_2 に関する回帰平面は次の方程式で与えられる。

$$\tilde{r}_{31}\left(\frac{x_1 - \overline{x_1}}{s_1}\right) + \tilde{r}_{32}\left(\frac{x_2 - \overline{x_2}}{s_2}\right) + \tilde{r}_{33}\left(\frac{x_3 - \overline{x_3}}{s_3}\right) = 0 \tag{5.19}$$

[†1] このようにおくと，3 変量データから一般の n 変量データへの拡張を類推しやすくなるという利点がある。

[†2] $|R_{ij}|$ は R_{ij} の行列式である。第 3 章を参照のこと。なお，$\tilde{r}_{ij}$ を行列 R の (i, j)-余因子という。

例題 5.3　命題 5.2 と命題 5.3 を証明せよ。

証明　【命題 5.2】 式 (5.15) を展開して平方完成すると

$$\begin{aligned}
s_{z\cdot xy}^2 &= a_0^2 + 2a_0(a_1\overline{x} + a_2\overline{y} - \overline{z}) + a_1^2\overline{x^2} \\
&\quad + 2a_1a_2\overline{xy} - 2a_1\overline{xz} + a_2^2\overline{y^2} - 2a_2\overline{yz} + \overline{z^2} \\
&= (a_0 + a_1\overline{x} + a_2\overline{y} - \overline{z})^2 + a_1^2 s_x^2 \\
&\quad + 2a_1a_2 s_{xy} - 2a_1 s_{xz} + a_2^2 s_y^2 - 2a_2 s_{yz} + s_z^2 \\
&= (a_0 + a_1\overline{x} + a_2\overline{y} - \overline{z})^2 + \frac{1}{s_x^2}\left(a_1 s_x^2 + a_2 s_{xy} - s_{xz}\right)^2 \\
&\quad + a_2^2\left(s_y^2 - \frac{s_{xy}^2}{s_x^2}\right) - 2a_2\left(s_{yz} - \frac{s_{xy}s_{xz}}{s_x^2}\right) + s_z^2 - \frac{s_{xz}^2}{s_x^2} \\
&= (a_0 + a_1\overline{x} + a_2\overline{y} - \overline{z})^2 + \frac{1}{s_x^2}\left(a_1 s_x^2 + a_2 s_{xy} - s_{xz}\right)^2 \\
&\quad + \left(s_y^2 - \frac{s_{xy}^2}{s_x^2}\right)\left(a_2 - \frac{s_{yz}s_x^2 - s_{xy}s_{xz}}{s_x^2 s_y^2 - s_{xy}^2}\right)^2 \\
&\quad + s_z^2 - \frac{s_{xz}^2}{s_x^2} - \frac{(s_{yz}s_x^2 - s_{xy}s_{xz})^2}{s_x^2(s_x^2 s_y^2 - s_{xy}^2)}
\end{aligned} \tag{5.20}$$

となる。よって，$s_{z\cdot xy}^2$ を最小化する条件は

$$\begin{cases}
a_0 + a_1\overline{x} + a_2\overline{y} - \overline{z} = 0 \\
a_1 s_x^2 + a_2 s_{xy} - s_{xz} = 0 \\
a_2 - \dfrac{s_{yz}s_x^2 - s_{xy}s_{xz}}{s_x^2 s_y^2 - s_{xy}^2} = 0
\end{cases} \tag{5.21}$$

である。一方，式 (5.16) で第 1 式の $\overline{x}$ 倍（$\overline{y}$ 倍）を第 2 式（第 3 式）から引くと

$$\begin{cases}
\overline{z} = a_0 + a_1\overline{x} + a_2\overline{y} \\
s_{xz} = a_1 s_x^2 + a_2 s_{xy} \\
s_{yz} = a_1 s_{xy} + a_2 s_y^2
\end{cases} \tag{5.22}$$

となるから式 (5.21) と式 (5.16) は同値である。よって，命題 5.2 が示された。

【命題 5.3】 次に，(x, y, z) を (x_1, x_2, x_3) と変数の読み換えを行う。変数の読み換え後，$x_3 = a_0 + a_1x_1 + a_2x_2$ から式 (5.22) の第 1 式を引くと

$$x_3 - \overline{x_3} = a_1(x_1 - \overline{x_1}) + a_2(x_2 - \overline{x_2}) \tag{5.23}$$

を得る。次に，式 (5.22) の第 2 式と第 3 式から

$$a_1 = \frac{s_2^2 s_{13} - s_{12}s_{23}}{s_1^2 s_2^2 - s_{12}^2}, \quad a_2 = \frac{s_1^2 s_{23} - s_{12}s_{13}}{s_1^2 s_2^2 - s_{12}^2} \tag{5.24}$$

を得る。式 (5.24) は $S := \begin{bmatrix} s_1^2 & s_{12} & s_{13} \\ s_{12} & s_2^2 & s_{23} \\ s_{13} & s_{23} & s_3^2 \end{bmatrix}$ の余因子 $\tilde{s}_{ij}$[†1]を用いて

$$a_1 = -\frac{\tilde{s}_{31}}{\tilde{s}_{33}}, \quad a_2 = -\frac{\tilde{s}_{32}}{\tilde{s}_{33}} \tag{5.25}$$

と書き直せる。式 (5.25) と式 (5.23) とを合わせて

$$\frac{s_3}{s_1}\frac{\tilde{r}_{31}}{\tilde{r}_{33}}(x_1 - \overline{x_1}) + \frac{s_3}{s_2}\frac{\tilde{r}_{32}}{\tilde{r}_{33}}(x_2 - \overline{x_2}) + (x_3 - \overline{x_3}) = 0 \tag{5.26}$$

を得る。ここで，$s_{ij} = s_i s_j r_{ij}$ を用いた。式 (5.26) は式 (5.19) を意味する。よって，命題 5.3 は示された。 □

注意 5.10 式 (5.15) に式 (5.16) を代入すると，式 (5.20) の最後の行のみが消えずに残る[†2]から

$$\frac{s_{3\cdot 12}^2}{s_3^2} = 1 - r_{13}^2 - \frac{(r_{23} - r_{12}r_{13})^2}{1 - r_{12}^2} = \frac{|R|}{\tilde{r}_{33}}$$

を得る。ここで，$|R|$ は R の行列式である。よって，式 (5.17) と合わせ，次の関係式が成り立つ。

$$r_{3\cdot 12}^2 = 1 - \frac{s_{3\cdot 12}^2}{s_3^2} = 1 - \frac{|R|}{\tilde{r}_{33}} \tag{5.27}$$

練習 5.3 変数 x_2 の影響を取り除いたときの x_1 と x_3 の偏相関係数 $r_{31\cdot 2}$ は式 (5.18) で定義されている。そのことの意味を次の手順で確認してみよう。

x_1 の x_2 に関する回帰直線の方程式を $x_1 = b_0 + b_1 x_2$, x_3 の x_2 に関する回帰直線の方程式を $x_3 = c_0 + c_1 x_2$ とする。ここで，$u_{12} := x_1 - (b_0 + b_1 x_2)$ を変数 x_1 から x_2 の影響を取り除いた変数，$u_{32} := x_3 - (c_0 + c_1 x_2)$ を変数 x_3 から x_2 の影響を取り除いた変数とみなす。変数 u_{12} と変数 u_{32} の単相関係数 $r_{u_{12},u_{32}}$ を計算することにより，式 (5.18) が得られることを示せ。

---

†1 定義 5.13 およびその脚注参照。この場合は，行列 S の第 i 行と第 j 列を取り除いてできる行列を $S_{ij} \in M_2(\mathbb{R})$ として，$\tilde{s}_{ij} := (-1)^{i+j}|S_{ij}|$ により求められる。

†2 その上の 2 行は式 (5.16) により 0 とおけるからである。

5.4 標本分布

この節では標本平均と標本分散の分布について考える。

定理 5.4 (標本平均の期待値と分散)　いま，無限母集団を想定し，その母平均と母分散をそれぞれ μ, σ^2 とする。この母集団の中から n 個の標本を復元抽出したとき，それぞれ標本値が $x_1, x_2, \cdots, x_n$ とする。このとき，標本平均

$$\overline{X} = \frac{x_1 + x_2 + \cdots + x_n}{n} = \frac{1}{n}\sum_{i=1}^{n} x_i \tag{5.28}$$

の期待値（平均値）と分散は，次の式で与えられる。

$$E(\overline{X}) = \mu, \quad V(\overline{X}) = \frac{\sigma^2}{n} \tag{5.29}$$

証明　題意より $E(x_i) = \mu$ だから次の式を得る。

$$E(\overline{X}) = \sum_{i=1}^{n} \frac{1}{n} E(x_i) = \sum_{i=1}^{n} \frac{\mu}{n} = \mu$$

さらに，$V(x_i) = \sigma^2$ より次の式を得る。

$$V(\overline{X}) = E((\overline{X} - \mu)^2) = E\left(\left(\sum_{i=1}^{n} \frac{x_i - \mu}{n}\right)^2\right) = \sum_{i=1}^{n} \frac{\sigma^2}{n^2} = \frac{\sigma^2}{n}$$

ここで，復元抽出しているため $x_1, x_2, \cdots, x_n$ が独立であることを用いた。 □

注意 5.11　定理 5.4 は，標本平均を取っても期待値は変わらないが，その分散は n に反比例して小さくなることを意味している。例えば，平均 60 点の試験で，多数の答案から 2 枚以上の答案を取り出しその点数の平均値を取るとする†。複数枚の平均値を取ったものの平均値を取っても元の得点分布と同じ 60 点のままだが，平均値を取ることで良い点数と悪い点数がならされ，平均値の分布は元の得点分布より内側に寄ってしまう。これが分散（散らばり具合）が小さくなる理由である。

† 正確には復元抽出，すなわち同じ答案を何度取り出してもよいこととする。

定理 5.5 **(標本平均の和，差の期待値と分散)**　母平均 μ_A, 母分散 σ_A^2 である無限母集団 A から n_A 個の標本を復元抽出し，その標本平均を $\overline{X_A}$ とする。他方，母平均 μ_B, 母分散 σ_B^2 である無限母集団 B から n_B 個の標本を復元抽出し，その標本平均を $\overline{X_B}$ とする。このとき，二つの標本平均の和，差の期待値と分散は次の式で与えられる。

$$E(\overline{X_A} \pm \overline{X_B}) = \mu_A \pm \mu_B \tag{5.30 a}$$

$$V(\overline{X_A} \pm \overline{X_B}) = \frac{\sigma_A^2}{n_A} + \frac{\sigma_B^2}{n_B} \tag{5.30 b}$$

証明　復元抽出の条件から母集団 A から取り出す n_A 個と母集団 B から取り出す n_B 個の計 $(n_A + n_B)$ 個の標本はたがいに独立である。よって，定理 5.4 の証明とほぼパラレルに証明できる。 □

注意 5.12　式 (5.30 b) の右辺の + は復号の ± ではないから注意すること。

定理 5.6 **(正規分布の再生性)**　独立な確率変数 X_A と X_B がそれぞれ正規分布 $N(\mu_A, \sigma_A^2)$ と $N(\mu_B, \sigma_B^2)$ に従うとき，$c_A X_A + c_B X_B$ は正規分布 $N(c_A\mu_A + c_B\mu_B, c_A^2\sigma_A^2 + c_B^2\sigma_B^2)$ に従う。これを**正規分布の再生性**という。

証明　2 重積分の知識が必要となるので省略する。 □

注意 5.13　定理 5.4 と定理 5.6 を合わせると，正規分布 $N(\mu, \sigma^2)$ に従う無限母集団の中から n 個の標本を復元抽出したとき，その標本平均 $\overline{X}$ は正規分布 $N(\mu, \sigma^2/n)$ に従うことがわかる。定理 5.5 と定理 5.6 を合わせると，正規分布 $N(\mu_A, \sigma_A^2)$ に従う無限母集団の中から n_A 個の標本を復元抽出したときの標本平均 $\overline{X_A}$ と，正規分布 $N(\mu_B, \sigma_B^2)$ に従う無限母集団の中から n_B 個の標本を復元抽出したときの標本平均 $\overline{X_B}$ との和，差 $\overline{X_A} \pm \overline{X_B}$ は正規分布 $N(\mu_A \pm \mu_B, (\sigma_A^2/n_A) + (\sigma_B^2/n_B))$ に従うことがわかる。

定理 5.7 **(中心極限定理)**　母平均 μ, 母分散 σ^2 をもつ確率分布に従う無限母集団から，n 個の標本を復元抽出したときの標本平均を $\overline{X}$ とすると

$$Z = \frac{\overline{X} - \mu}{\sqrt{\sigma^2/n}}$$

は，$n \to \infty$ の極限で標準正規分布 $N(0,1)$ に従う。

注意 5.14　ここで元の母集団は正規分布に従う必要はない。例えば，二項分布 $B(n,p)$ に従う確率変数 X に対し，$E(X) = np$, $V(X) = np(1-p)$（定理 4.8）であるから，$Z = (X - np)/\sqrt{np(1-p)}$ は $n \to \infty$ の極限で標準正規分布 $N(0,1)$ に従う。実際，図 4.3 を見ると，二項分布の確率関数は n が大きくなるにつれ $X = np$ を中心とした山型対称に近づいている。

また，定理 5.7 より，n 個の標本を復元抽出したときの標本平均 $\overline{X}$ は漸近的に正規分布 $N(\mu, \sigma^2/n)$ に従うといえる。

定理 5.8 **(標本分散・不偏分散の期待値)**　母平均 μ, 母分散 σ^2 をもつ確率分布に従う無限母集団から，n 個の標本 $x_1, \cdots, x_n$ を復元抽出したときの標本分散 s^2, 不偏分散 u^2 の期待値は次の式で与えられる。

$$E(s^2) = \frac{n-1}{n}\sigma^2, \quad E(u^2) = \sigma^2 \tag{5.31}$$

証明　$\overline{x} = (x_1 + \cdots + x_n)/n$ とおくと

$$S := \sum_{j=1}^{n}(x_j - \overline{x})^2 = \sum_{j=1}^{n}\{(x_j - \mu) - (\overline{x} - \mu)\}^2 = \sum_{j=1}^{n}(x_j - \mu)^2 - n(\overline{x} - \mu)^2$$

より

$$E(S) = n\sigma^2 - n\frac{\sigma^2}{n} = (n-1)\sigma^2$$

が成り立つ。$s^2 = S/n$, $u^2 = S/(n-1)$ より式 (5.31) を得る。　□

注意 5.15　注意 5.3 で述べたように，母分散 σ^2 の推定値としては標本分散 s^2 より不偏分散 u^2 のほうがふさわしい。

例題 5.4　日本人 40 歳代男性の血清尿酸値（単位 mg/dL）は平均 $\mu = 5.5$，標準偏差 $\sigma = 1.2$ の正規分布をしているとする。日本人 40 歳代男性の血清尿酸値 X が 6.4 mg/dL 以上である確率を求めよ。日本人 40 歳代男性 10 名の血清尿酸値の標本平均 $\overline{X}$ が 6.4 mg/dL 以上である確率を求めよ。また，両側 95% となる X と $\overline{X}$ の範囲を求めよ。

解答例　X は正規分布 $N(5.5, 1.2^2)$ に従うから

$$Z = \frac{6.4 - 5.5}{1.2} = 0.75$$

と巻末の付表 1 から $P(Z \leqq 0.75) = 0.7734$ であることより

$$P(X \geqq 6.4) = P(Z \geqq 0.75) = 1 - 0.7734 = 0.2266$$

すなわち 22.66% である。

注意 5.13 より，標本平均 $\overline{X}$ は正規分布 $N(5.5, 1.2^2/10)$ に従う。

$$Z = \frac{6.4 - 5.5}{1.2/\sqrt{10}} = 2.37$$

と付表 1 から $P(Z \leqq 2.37) = 0.9911$ であることより

$$P(\overline{X} \geqq 6.4) = P(Z \geqq 2.37) = 1 - 0.9911 = 0.0089$$

すなわち 0.89% である。

式 (4.37) より両側 95% となる X と $\overline{X}$ の範囲は

$$-1.96 \leqq \frac{X - 5.5}{1.2} \leqq 1.96, \qquad -1.96 \leqq \frac{\overline{X} - 5.5}{1.2/\sqrt{10}} \leqq 1.96$$

を解いて，$3.148 \leqq X \leqq 7.852$，$4.756 \leqq \overline{X} \leqq 6.244$，すなわち，それぞれ 3.1 mg/dL 以上 7.9 mg/dL 以下，4.8 mg/dL 以上 6.2 mg/dL 以下である。◆

練習 5.4　日本人 40 歳代男性の血清尿酸値は平均 5.5 mg/dL，標準偏差 1.2 mg/dL，日本人 40 歳代女性の血清尿酸値は平均 3.6 mg/dL，標準偏差 1.0 mg/dL のそれぞれ正規分布をなしているとする。日本人 40 歳代男性 10 名の血清尿酸値の標本平均 $\overline{X_M}$〔mg/dL〕と日本人 40 歳代女性 10 名の血清尿酸値の標本平均 $\overline{X_F}$〔mg/dL〕の差 $\overline{X_M} - \overline{X_F}$ はどのような確率分布に従うか答えよ。

5.5 検定と推定の考え方

統計学における**検定**とは，母集団に関する命題の検定である。母集団に関する命題とは，母集団の母平均や母分散などの**母数**に関する命題や，母集団の分布に関する命題などがある。統計学における**推定**とは，母数の値を推定することである。まず，いくつかの用語を説明する。

定義 5.14 (帰無仮説・対立仮説)　**帰無仮説**とは，検定において立てる仮説のことで，棄却されることを期待して設ける仮説である。**対立仮説**とは，帰無仮説が棄却された際に採択される仮説のことである。

例 5.2　サイコロを 180 回投げてそのうち 1 の目が 40 回出たとき，このサイコロは果たして正しく作られたものか検証したいときがある。このとき，サイコロが正しく作られている，すなわち 1 の目が出る確率 $p = 1/6$ が次のように成り立つことが帰無仮説である。

$$H_0 : p = \frac{1}{6} \tag{5.32}$$

対立仮説は，帰無仮説 H_0 が棄却された際に採用される仮説であり，次のように表される。

$$H_1 : p \neq \frac{1}{6} \tag{5.33}$$

定義 5.15 (両側検定・片側検定)　ある母数 θ に関する帰無仮説が $H_0 : \theta = \theta_0$ であるとき，その対立仮説が $H_1 : \theta \neq \theta_0$ であるとき**両側検定**といい，$H_1 : \theta > \theta_0$ または $H_1 : \theta < \theta_0$ であるとき**片側検定**という。

例 5.3 例 5.2 で対立仮説が式 (5.33) のとき両側検定といい

$$H_1 : p > \frac{1}{6} \tag{5.34}$$

のとき片側検定という。

定義 5.16 (**信頼係数・有意水準**) ある母数 θ の値が $\theta_1 \leqq \theta \leqq \theta_2$ の範囲にある確率が

$$P(\theta_1 \leqq \theta \leqq \theta_2) = 1 - \alpha \tag{5.35}$$

であるとき，区間 $[\theta_1, \theta_2]$ を**信頼係数** $1 - \alpha$ の**信頼区間**という。

有意水準とは，検定に先立ち設定する，帰無仮説を棄却する基準となる確率である。帰無仮説 H_0 の仮定のもとである事象 A が起こる確率が

$$P(A) < \alpha \tag{5.36}$$

であるとする。標本値をもとに計算した結果，事象 A が起きる場合に H_0 を棄却すると決めておくとき，この検定は有意水準 α であるという。

注意 5.16 有意水準 α は 5% または 1% に取ることが多い。本書では有意水準としてつねに $\alpha = 0.05 = 5\%$ を採用する。

定義 5.17 (**第一種の過誤・第二種の過誤**) **第一種の過誤**とは，帰無仮説が正しいにもかかわらずこれを棄却する誤りである。**第二種の過誤**とは，帰無仮説が正しくないにもかかわらずこれを棄却しない誤りである。

注意 5.17 製品の抜き取り検査で，正常品を不良品と誤って判定することは第一種の過誤であり，この場合は**生産者の損失**となる。逆に，不良品を正常品として検査を通してしまうことは第二種の過誤にあたり，この場合は**消費者の損失**となる。

定義 5.16 と定義 5.17 から，有意水準は第一種の過誤を犯す確率に等しい。

例題 5.5　サイコロを 180 回投げて，そのうち 1 の目が 40 回出た。このサイコロは正しく作られているといえるだろうか。有意水準 5% で検定せよ。

解答例　この問題の帰無仮説 H_0 は式 (5.32) であり，対立仮説 H_1 は式 (5.33) である†。帰無仮説 H_0 が正しいとすると，1 の目の出る回数 X は二項分布 $B(180, 1/6)$ に従う。よって，X の期待値と分散は

$$E(X) = 180 \times \frac{1}{6} = 30, \quad V(X) = 180 \times \frac{1}{6} \times \frac{5}{6} = 25 \tag{5.37}$$

である。このとき，$X \geqq 40$ である確率，またその裏の場合，つまり $X \leqq 20$ である確率を考えて計算し，その確率がある一定値 $\alpha = 0.05$ より大きければ H_0 を採択し，小さければ棄却することにしよう。

$n = 180$ が十分に大きいので，定理 5.7 と注意 5.14 および式 (5.37) により，確率変数 X は近似的に正規分布 $N(30, 25)$ に従うといえる。よって

$$Z = \frac{40 - 30}{\sqrt{25}} = 2 > 1.96 \tag{5.38}$$

と式 (4.37) より

$$P(X \leqq 20, X \geqq 40) < 0.05 \tag{5.39}$$

が成り立つから，帰無仮説 H_0 を棄却し，対立仮説 H_1 を採択する。よって，$p \neq 1/6$ であり，このサイコロは正しく作られていないことがわかる。◆

注意 5.18　式 (5.39) より，帰無仮説 H_0 が正しいにもかかわらず，H_0 を棄却してしまう誤りが 5% 未満の確率で起こる。つまり有意水準 α とは，第一種の過誤を犯してしまう危険率の上限ととらえることができる。

練習 5.5　**(母平均の差の検定)**　A 大学と B 大学の女子新入生各 10 名の身長（単位 cm）の標本平均が，$\overline{X_A} = 160.5$, $\overline{X_B} = 159.0$ であった。母分散が $\sigma_A^2 = \sigma_B^2 = 25.00$ であるとき，A, B 両大学の女子新入生の平均身長 μ_A と μ_B は等しいといえるか，有意水準 5% で検定せよ。

† この問題の問いかけは「正しく作られているか」であり，正しく作られていなければ式 (5.33) を採用するのが自然である。つまりこの問題は両側検定であるといえる。一方，「このサイコロは 1 の目が出やすくないだろうか」という問いかけならば，対立仮説として式 (5.34) を念頭に置いているので片側検定ということになる。

例題 5.6　サイコロを 180 回投げて，そのうち 1 の目の出る回数 X を確率変数に取る。このとき信頼係数 95% で確率変数 X の信頼区間を推定せよ。

解答例　推定とは検定と表裏一体をなすものである。

確率変数 X がどの範囲にあるかを推定したい。この際，その範囲に存在する確率がある一定値 $1-\alpha$, 例えば 95% 以上となるか考えるのが統計的推定である。この場合の，あらかじめ決めた一定値 $1-\alpha$ を信頼係数という。

この問題でも，X は二項分布 $B(180, 1/6)$ に従うが，$n=180$ が十分に大きいので，例題 5.5 と同様に確率変数 X は近似的には正規分布 $N(30, 25)$ に従うといえる。よって，1 の目の出る回数 X は X の期待値である 30 を中心に左右対称に分布していると考えられる。そこで

$$-1.96 \leqq Z = \frac{X-30}{\sqrt{25}} \leqq 1.96 \tag{5.40}$$

を解いて $20.2 \leqq X \leqq 39.8$ を得る。よって，式 (4.37) と合わせ

$$P(20.2 \leqq X \leqq 39.8) = 0.95 \tag{5.41}$$

である。X は整数だから，$21 \leqq X \leqq 39$ が求める 95% 信頼区間である。　◆

注意 5.19　二項分布は確率変数 X が整数値を取る確率分布であり，正規分布は実数値を取る確率分布である。よって，二項分布を正規分布で近似するとき，二項分布における $X=n$ が正規分布における $n-1/2 \leqq X \leqq n+1/2$ に対応すると考えるとより近似がよくなる。これを**半整数補正**という。

この考えを用いると，$P(n_1 - 1/2 \leqq X \leqq n_2 + 1/2) = 0.95$ をみたす n_1, n_2 を求めるべきであり，式 (5.41) より，$n_1 - 1/2 = 20.2$, $n_2 + 1/2 = 39.8$ より，$20.7 \leqq X \leqq 39.3$ となる。いずれにせよ，X は整数値なので $21 \leqq X \leqq 39$ が求める 95% 信頼区間となる。

表計算ソフトで二項分布 $B(180, 1/6)$ の確率分布を計算すると，$P(X \leqq m_1) < 0.025$ をみたす整数 m_1 の最大値は 20, $P(X \geqq m_2) < 0.025$ をみたす整数 m_2 の最小値は 41 である。よって，信頼係数 95% の信頼区間は $21 \leqq X \leqq 40$ となる。

練習 5.6　**(母比率の推定)**　1 の目の出る確率が p に等しいサイコロを 180 回投げて，そのうち 1 の目が 40 回出た。確率 p の値を信頼係数 95% で推定せよ。

5.6　χ^2 分布と検定・推定

この節以降，正規分布以外の分布を用いた検定と推定について説明する。この節ではまず χ^2 分布を導入する。

定義 5.18（$\boldsymbol{\chi^2}$ **分布**）　n 個の独立な確率変数 $x_1, \cdots, x_n$ が標準正規分布 $N(0,1)$ に従うとき

$$\chi^2 = x_1^2 + \cdots + x_n^2 \tag{5.42}$$

は自由度 $\nu = n$ の χ^2 分布に従う。

注意 5.20　χ^2 分布は天文学者ヘルメルトが発見し，ピアソンが χ^2 分布と名付けたとされる。定義 5.18 より，χ_1^2, χ_2^2 がそれぞれ自由度 ν_1, ν_2 の χ^2 分布に従うとき，$\chi_1^2 + \chi_2^2$ は自由度 $\nu_1 + \nu_2$ の χ^2 分布に従う。これを **$\boldsymbol{\chi^2}$ 分布の再生性**という。

注意 5.21　χ^2 分布の確率密度関数を与えるには，ガンマ関数が必要となる。解析学の教科書で通常用いられる定義とは異なるが，ここでは簡単のため，次のように帰納的に定義する。すなわち，$x = 1/2, 1, 3/2, 2, 5/2, 3, \cdots$ に対し，$\Gamma(x)$ を

$$\Gamma(x+1) = x\Gamma(x), \qquad \Gamma\left(\frac{1}{2}\right) = \sqrt{\pi}, \qquad \Gamma(1) = 1 \tag{5.43}$$

と定める。式 (5.43) の最初の式から

$$\Gamma(x+1) = x\Gamma(x) = x(x-1)\Gamma(x-2) = \cdots$$

が成り立つ。よって，$n = 0, 1, 2, \cdots$ に対して

$$\Gamma(n+1) = n!, \qquad \Gamma\left(n + \frac{1}{2}\right) = \frac{(2n-1)!!\sqrt{\pi}}{2^n} \tag{5.44}$$

となる†。ここで，$(2n-1)!! = (2n-1)(2n-3)\cdots 5 \cdot 3 \cdot 1$ である。

---

† 式 (5.44) の後半は，次のように変形すると求められる。

$$\Gamma\left(n+\frac{1}{2}\right) = \left(n - \frac{1}{2}\right)\left(n - \frac{3}{2}\right)\cdots\frac{1}{2}\Gamma\left(\frac{1}{2}\right) = \frac{2n-1}{2}\frac{2n-3}{2}\cdots\frac{1}{2}\sqrt{\pi}$$

定理 5.9 自由度 ν の χ^2 分布の確率密度関数は，次の式で与えられる。

$$f_\nu(\chi^2) = \frac{(\chi^2)^{\nu/2-1}e^{-\chi^2/2}}{2^{\nu/2}\Gamma(\nu/2)} \tag{5.45}$$

定理 5.10 自由度 ν の χ^2 分布の期待値と分散は，次の式で与えられる。

$$E(\chi^2) = \nu, \quad V(\chi^2) = 2\nu \tag{5.46}$$

注意 5.22 定理 5.9 と定理 5.10 の証明は，本書の程度を超えるので省略する。

例 5.4 正規分布 $N(\mu, \sigma^2)$ に従う n 個の確率変数 $x_1, x_2, \cdots, x_n$ に対して

$$\chi^2 = \sum_{j=1}^{n} \frac{(x_j - \mu)^2}{\sigma^2}$$

は自由度 $\nu = n$ の χ^2 分布に従う。$z_j = (x_j - \mu)/\sigma$ が標準正規分布 $N(0,1)$ に従うからである。また，母平均 μ を $\overline{x}$ に置き換えた変数

$$\chi^2 = \sum_{j=1}^{n} \frac{(x_j - \overline{x})^2}{\sigma^2}$$

は自由度 $\nu = n-1$ の χ^2 分布に従う†。

χ^2 分布の確率密度関数の概形は**図 5.2** で与えられる。自由度 ν の χ^2 分布で，$P(\chi^2 \geqq \chi_0^2) = \alpha$ をみたす χ_0^2 の値を以後 $\chi_\nu^2(\alpha)$ と記す。巻末の付表 2 を参照のこと。

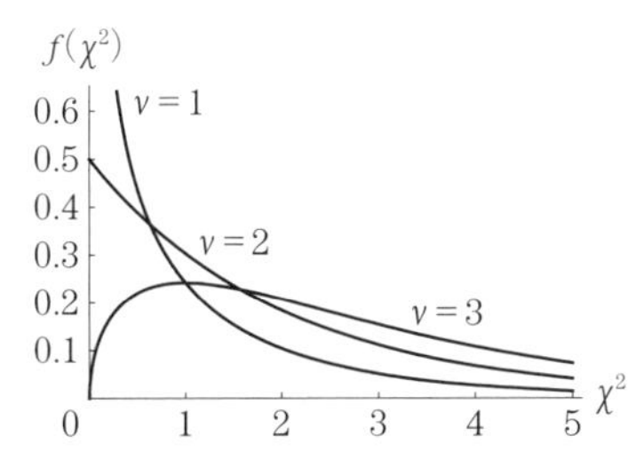

図 5.2 χ^2 分布の確率密度関数

† 拘束条件 $\overline{x} = (x_1 + x_2 + \cdots + x_n)/n$ により，自由度が一つ減っているからである。

例 5.5 **(母分散の推定)**　健康診断で 10 人の血色素量（ヘモグロビン濃度，単位 g/dL）が，14.9, 14.1, 15.6, 15.2, 15.4, 15.1, 15.3, 12.6, 16.7, 15.1 のとき，母分散の値を信頼係数 95% で推定しよう。

血色素量の母平均 $\mu = 15.2\,\mathrm{g/dL}$ が既知であるとき

$$\begin{aligned}\chi^2 &= \frac{(14.9-15.2)^2+(14.1-15.2)^2+\cdots+(15.1-15.2)^2}{\sigma^2} \\ &= \frac{10.54}{\sigma^2} \end{aligned} \tag{5.47}$$

は自由度 $\nu = 10$ の χ^2 分布に従う。巻末の付表 2 より

$$\chi^2_{10}(0.975) = 3.247 \leqq \frac{10.54}{\sigma^2} \leqq 20.483 = \chi^2_{10}(0.025) \tag{5.48}$$

を解いて，$0.515 \leqq \sigma^2 \leqq 3.25$ を得る（図 **5.3**）。

では，母平均 μ が不明である場合はどうすればよいか。このときは μ の代わりに標本平均 $\overline{X} = \dfrac{14.9+14.1+\cdots+15.1}{10} = 15.0$ を用いて

$$\begin{aligned}\chi^2 &= \frac{(14.9-15.0)^2+(14.1-15.0)^2+\cdots+(15.1-15.0)^2}{\sigma^2} \\ &= \frac{10.14}{\sigma^2} \end{aligned} \tag{5.49}$$

は自由度 $\nu = 10-1 = 9$ の χ^2 分布に従う。巻末の付表 2 より

$$\chi^2_{9}(0.975) = 2.700 \leqq \frac{10.14}{\sigma^2} \leqq 19.023 = \chi^2_{9}(0.025) \tag{5.50}$$

を解いて，$0.533 \leqq \sigma^2 \leqq 3.76$ を得る（図 **5.4**）。

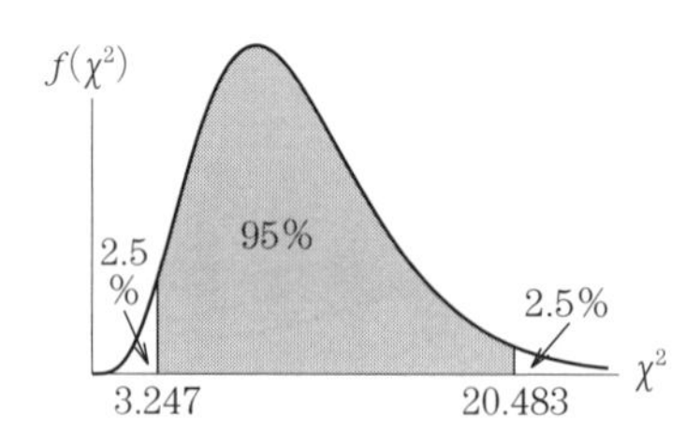

図 **5.3**　母分散の推定 1

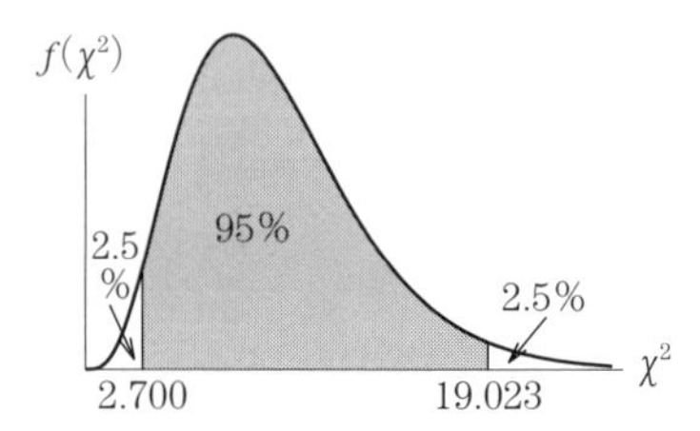

図 **5.4**　母分散の推定 2

実際に測定・収集したデータが，ある理論分布に一致しているか検証したいことがある。このような検証を**適合度の検定**という。

命題 5.11 いま，標本を k 個の階級に分けた場合の，標本分布と比較したい理論分布の度数分布をそれぞれ $\{f_i\}, \{f_i^*\}$ $(i = 1, \cdots, k)$ とする。各 $\{f_i\}, \{f_i^*\}$ が十分大きいとき，次の量

$$\chi^2 = \sum_{i=1}^{k} \frac{(f_i - f_i^*)^2}{f_i^*} \tag{5.51}$$

は自由度 $\nu = k - 1 - a$ の χ^2 分布に従う。ここで，a は理論分布を規定するパラメータの個数である。

注意 5.23 例えば，ポアソン分布 $Po(\lambda)$ ならパラメータは λ だけなので $a = 1$ であり，正規分布 $N(\mu, \sigma^2)$ ならパラメータは μ, σ^2 なので $a = 2$ である。これらのパラメータは標本平均や不偏分散などの標本から得られる情報で置き換えるため，そのたびに自由度の値を減じなければならない。具体的な方法は例題で説明する。

命題 5.11 は $f_i, f_i^* \to \infty$ の極限で成り立つが，実用的には f_i, f_i^* は 4 ないし 5 以上とすればよいことがわかっている。

証明 簡単のため，$k = 2$ の場合のみ証明する。

いま，n 個の標本を二つの階級に分ける。第 1 階級に f_1 個，第 2 階級に f_2 個とすると，$f_1 + f_2 = n$ である。また，理論分布の第 1 階級における相対度数を p, 第 2 階級における相対度数を $q(= 1 - p)$ とすると，理論度数はそれぞれ，$f_1^* = np$, $f_2^* = nq$ である。このとき，式 (5.51) を計算すると

$$\chi^2 = \frac{(f_1 - np)^2}{np} + \frac{(n - f_1 - nq)^2}{nq} = \frac{(f_1 - np)^2}{npq} \tag{5.52}$$

となる。理論分布では f_1 は二項分布 $B(n, p)$ に従い，n が十分大きいときには正規分布 $N(np, npq)$ に従う。よって，$\mu = np$, $\sigma^2 = npq$ と置き換えると式 (5.52) は

$$\chi^2 = \frac{(f_1 - \mu)^2}{\sigma^2} \tag{5.53}$$

となるので，自由度 1 の χ^2 分布に従うといえる。 □

注意 5.24 χ^2 の値（式 (5.51)）は小さければ小さいほど理論分布と実際の分布が近いわけだから，片側検定となることに注意せよ。

二つの因子が無関係かどうかを検証する**独立性の検定**は，適合度の検定の特別な場合である。

系 5.12 (**命題 5.11 の系**)　いま，n 個の標本を A, B 二つの因子で分類する。因子 A は $i = 1, \cdots, k$ の k 種類に，因子 B は $j = 1, \cdots, l$ の l 種類に分けられていて，因子 A の第 i 類，因子 B の第 j 類に属する標本数を f_{ij} とする。もし因子 A と因子 B が無関係ならば，理論上の標本数は

$$f_{ij}^* = \frac{a_i b_j}{n}, \quad a_i = \sum_{j=1}^{l} f_{ij}, \quad b_j = \sum_{i=1}^{k} f_{ij} \tag{5.54}$$

となる。各 f_{ij}, 各 f_{ij}^* が十分大きいとき，次の量

$$\chi^2 = \sum_{i=1}^{k} \sum_{j=1}^{l} \frac{(f_{ij} - f_{ij}^*)^2}{f_{ij}^*} \tag{5.55}$$

は，自由度 $\nu = (k-1)(l-1)$ の χ^2 分布に従う。

注意 5.25　因子 A, B の類別の標本数は**表 5.2** のようになる。

因子 A の第 1 類の度数合計は a_1 で，その相対度数は a_1/n である。因子 A と B が無関係なら，例えば因子 B の第 1 類での因子 A の第 1 類の度数は，因子 B の第 1 類の度数 b_1 にこの割合 a_1/n を乗じた値になるはずである。よって，$f_{11}^* = a_1 b_1/n$ である。ほかの f_{ij}^* も同様に求められる。

表 5.2　因子 A, B の類別の標本数

	B_1	B_2	$\cdots$	B_l	計
A_1	f_{11}	f_{12}	$\cdots$	f_{1l}	a_1
A_2	f_{21}	f_{22}	$\cdots$	f_{2l}	a_2
$\vdots$	$\vdots$	$\vdots$	$\ddots$	$\vdots$	$\vdots$
A_k	f_{k1}	f_{k2}	$\cdots$	f_{kl}	a_k
計	b_1	b_2	$\cdots$	b_l	n

なお，式 (5.54) の a_i, b_j を固定すると，f_{ij} のうち自由に取れる変数の数は $(k-1)(l-1)$ 個となり，これが χ^2 分布の自由度 $\nu = (k-1)(l-1)$ となる。

注意 5.26　式 (5.51) や式 (5.55) では χ^2 の値は小さければ小さいほど実際の分布と理論分布は近い。よって，適合度の検定や独立性の検定は片側検定であり，しきい値として有意水準 α を用いる。すなわち，$\chi^2 \leqq \chi_\nu^2(\alpha)$ なら帰無仮説 H_0 を棄却できず，$\chi^2 > \chi_\nu^2(\alpha)$ なら H_0 を棄却する。具体的な方法は例題などで説明する。

例題 5.7　**(適合度の検定)**　例題 5.1 のデータにおいて，A 町における昨年 11 月の毎日の交通事故件数 X は，ポアソン分布に従うと考えてよいか，有意水準 5% で検定せよ。

解答例　1 日あたりの平均の交通事故件数は例題 5.1(3) より $\overline{X} = 2$ である。これをポアソン分布の平均値 $\lambda = 2$ に置き換え，事故件数の分布が，ポアソン分布 $Po(2)$ に従うとしたときの理論上の分布を f_x^* として，事故件数の実際の分布 f_x と比較したものが**表 5.3** である†。ただし，各階級の度数があまり小さくならないように，$X \geqq 4$ は一つの階級にまとめてある。注意 5.23 を参照のこと。

表 5.3　交通事故件数とポアソン分布との比較

件数 X	0	1	2	3	4 以上
f_x	4	7	9	6	4
$P(X)$	0.135	0.271	0.271	0.180	0.143
f_x^*	4.06	8.12	8.12	5.41	4.29

そこで，χ^2 に相当する量を計算すると，この場合は自由度 $\nu = 5 - 1 - 1 = 3$ の χ^2 分布に従う。ここで，最初の -1 は階級数から 1 を減じたもので，もう一つの -1 はポアソン分布に含まれるパラメータ λ を標本平均 $\overline{X}$ で置き換えたことに対応する。

$$\chi^2 = \frac{(4-4.06)^2}{4.06} + \frac{(7-8.12)^2}{8.12} + \frac{(9-8.12)^2}{8.12} + \frac{(6-5.41)^2}{5.41} + \frac{(4-4.29)^2}{4.29}$$
$$= 0.335 < 7.815 = \chi_3^2(0.05) \tag{5.56}$$

であるから，1 日あたりの交通事故件数 X は，ポアソン分布 $Po(2)$ に従うといえる。なお，ここで巻末の付表 2 を用いた。◆

練習 5.7　**(独立性の検定)**　**表 5.4** はある会社の男女別の喫煙者・禁煙者の人数である。この会社の喫煙率に男女差があるかどうか，有意水準 5% で検定せよ。

表 5.4　喫煙者・禁煙者の人数

	男性	女性	計
喫煙者	30	5	35
禁煙者	45	20	65
計	75	25	100

---

† 式 (4.25) に $\lambda = 2$ を代入して計算したのが確率 $P(X)$ の欄（練習 4.8 の解答参照）で，これに 11 月の日数 30 を乗じたものが f_x^* である。

5.7　t 分布と検定・推定

この節では t 分布を導入し，母平均や母平均の差に関する検定・推定への応用を説明する。

定義 5.19　(**t 分布**)　確率変数 Z と Y がたがいに独立で，Z が標準正規分布 $N(0,1)$, Y が自由度 ν の χ^2 分布に従う確率変数であるとき

$$t = \frac{Z}{\sqrt{Y/\nu}} \tag{5.57}$$

は自由度 ν の t 分布に従う。

注意 5.27　t 分布は化学者ゴセットがスチューデントの筆名で発表したので，スチューデントの t 分布という。

注意 5.28　t 分布の確率密度関数を与えるには，ベータ関数の定義が必要となる。ここでは，ベータ関数はガンマ関数を用いて次のように書けることを用いることにする。

$$B(x,y) = \frac{\Gamma(x)\Gamma(y)}{\Gamma(x+y)} \tag{5.58}$$

定理 5.13　自由度 ν の t 分布の確率密度関数は次の式で与えられる。

$$f(t) = \frac{(1+t^2/\nu)^{-(\nu+1)/2}}{\sqrt{\nu}B(1/2,\nu/2)} \tag{5.59}$$

定理 5.14　自由度 ν の t 分布の期待値と分散は次の式で与えられる。

$$E(t) = 0 \quad (\nu \geqq 2), \qquad V(t) = \frac{\nu}{\nu-2} \quad (\nu \geqq 3) \tag{5.60}$$

注意 5.29　定理 5.13 と定理 5.14 の証明は，本書の程度を超えるので省略する。

t 分布の確率密度関数の概形は**図 5.5** で与えられる。自由度 ν の t 分布で，$P(t \geqq t_0) = \alpha$ をみたす t_0 の値を以後 $t_\nu(\alpha)$ と記す。巻末の付表 3 を参照のこと。

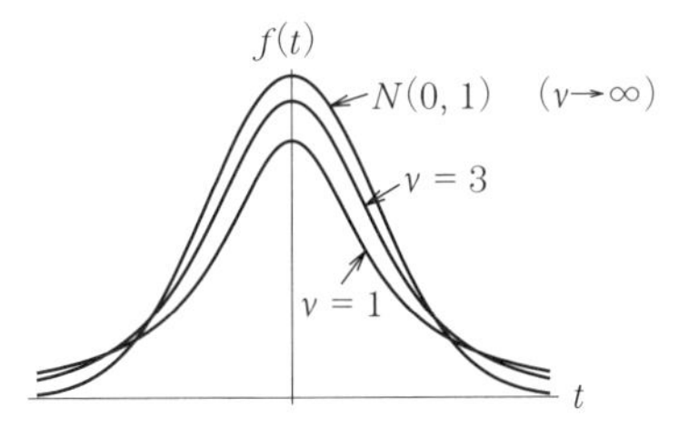

図 5.5　t 分布の確率密度関数

命題 5.15　独立な確率変数 $x_1, \cdots, x_n$ が正規分布 $N(\mu, \sigma^2)$ に従うとき，$\overline{X}$ を $x_1, \cdots, x_n$ の標本平均，u^2 を不偏分散とする。このとき

$$t = \frac{\overline{X} - \mu}{u/\sqrt{n}} \tag{5.61}$$

は自由度 $\nu = n - 1$ の t 分布に従う。

証明　例 5.4 より，$Y = (n-1)u^2/\sigma^2$ は $\nu = n - 1$ の χ^2 分布に従う。一方，$\overline{X}$ は正規分布 $N(\mu, \sigma^2/n)$ に従うから，$Z = (\overline{X} - \mu)/(\sigma/\sqrt{n})$ は標準正規分布 $N(0, 1)$ に従う。よって，式 (5.57) より

$$t = \frac{Z}{\sqrt{Y/(n-1)}} = \frac{(\overline{X} - \mu)/(\sigma/\sqrt{n})}{u/\sigma} = \frac{\overline{X} - \mu}{u/\sqrt{n}}$$

は自由度 $\nu = n - 1$ の t 分布に従う。　□

命題 5.16　母分散の等しい二つの正規分布 $N(\mu_A, \sigma^2)$, $N(\mu_B, \sigma^2)$ に従う母集団から，それぞれ n_A 個，n_B 個の標本を復元抽出し，その標本平均をそれぞれ $\overline{X_A}$, $\overline{X_B}$, 不偏分散をそれぞれ u_A^2, u_B^2 とする。このとき

$$t = \frac{(\overline{X_A} - \overline{X_B}) - (\mu_A - \mu_B)}{u\sqrt{\dfrac{1}{n_A} + \dfrac{1}{n_B}}}, \quad u^2 := \frac{(n_A - 1)u_A^2 + (n_B - 1)u_B^2}{(n_A - 1) + (n_B - 1)} \tag{5.62}$$

は自由度 $\nu = n_A + n_B - 2$ の t 分布に従う。

注意 5.30　命題 5.16 の証明は，本書の程度を超えるので省略する。

次に，分散が等しくない場合の**ウェルチの t 検定**について説明する。

命題 5.17　正規分布 $N(\mu_A, \sigma_A^2)$, $N(\mu_B, \sigma_B^2)$ に従う母集団から，それぞれ n_A 個，n_B 個の標本を復元抽出し，その標本平均をそれぞれ $\overline{X_A}$, $\overline{X_B}$, 不偏分散をそれぞれ u_A^2, u_B^2 とする。このとき

$$\frac{1}{\nu} = \frac{c^2}{n_A - 1} + \frac{(1-c)^2}{n_B - 1}, \qquad c := \frac{u_A^2/n_A}{u_A^2/n_A + u_B^2/n_B} \tag{5.63}$$

により ν を定義すると，次の式は自由度 ν の t 分布に従う。

$$t = \frac{(\overline{X_A} - \overline{X_B}) - (\mu_A - \mu_B)}{u}, \qquad u^2 := \frac{u_A^2}{n_A} + \frac{u_B^2}{n_B} \tag{5.64}$$

注意 5.31　命題 5.17 の証明は，本書の程度を超えるので省略する。

例 5.6　**(母平均の検定)**　ある薬品の一包あたりの重量は $\mu = 1000\,\mathrm{mg}$ でなければならないことが規格で定められている。いま，10 包の標本を無作為に選んだところ，標本平均 $\overline{X} = 990\,\mathrm{mg}$, 不偏標準偏差 $u = 10\,\mathrm{mg}$ であった。この薬品は規格適格品であるといえるか，有意水準 5% で検定しよう。

この問題の帰無仮説は $H_0 : \mu = 1000$ である。式 (5.61) の t 値は自由度 9 の t 分布に従う。

$$t = \frac{990 - 1000}{10/\sqrt{10}} = -3.16$$
$$< -2.262 = -t_9(0.025)$$

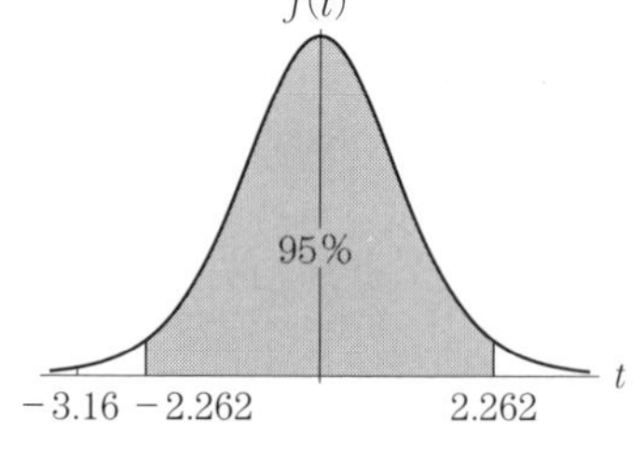

図 5.6　母平均の検定

より H_0 は棄却され（**図 5.6**），対立仮説 $H_1 : \mu \neq 1000$ が採択される†。この薬品は規格不適格品であるといえる。

---

† この問題は両側検定である。薬は適量であることが肝要なのであって，例えば $\overline{X} = 1010\,\mathrm{mg}$ の場合は μ より $10\,\mathrm{mg}$ 増量だからよい，ということにはならないのである。

例題 5.8　(母平均の推定)　A 大学の女子新入生 10 名の身長（単位 cm）の標本平均が $\overline{X} = 160.5$ であった。次の問に答えよ。

(1)　母分散が $\sigma^2 = 25.00$ であることがわかっているとき，A 大学の女子新入生の平均身長 μ の値を，信頼係数 95% で推定せよ。

(2)　母分散は不明であるが不偏分散が $u^2 = 27.61$ であるとき，A 大学の女子新入生の平均身長 μ の値を，信頼係数 95% で推定せよ。

解答例　(1)　$Z = (\overline{X} - \mu)/(\sigma/\sqrt{n}) = (\overline{X} - \mu)/\sqrt{\sigma^2/n}$ とおくと，Z は標準正規分布 $N(0,1)$ に従う。よって

$$-1.96 \leqq \frac{160.5 - \mu}{\sqrt{25.00/10}} \leqq 1.96$$

を解いて，$157.4 \leqq \mu \leqq 163.6$ を得る。（答）157.4 cm 以上 163.6 cm 以下

(2)　$t = (\overline{X} - \mu)/(u/\sqrt{n}) = (\overline{X} - \mu)/\sqrt{u^2/n}$ とおくと，t は自由度 $10 - 1 = 9$ の t 分布に従う。よって，$t_9(0.025) = 2.262$ より

$$-2.262 \leqq \frac{160.5 - \mu}{\sqrt{27.61/10}} \leqq 2.262$$

を解いて，$156.7 \leqq \mu \leqq 164.3$ を得る。（答）156.7 cm 以上 164.3 cm 以下　◆

練習 5.8　(対応のある場合の母平均の差の検定)　次のデータは高血圧症患者 10 名がある降圧剤を 1 週間服薬した前後の収縮期血圧（単位 mmHg）の測定値である。データの上段と下段はそれぞれの患者の服薬前と後の数値である。このとき，この降圧剤の服用により収縮期血圧値に変化が生じたといえるか，有意水準 5% で検定せよ。

服薬前	158	151	159	161	152	165	151	148	174	181
服薬後	155	150	154	154	151	170	148	149	168	171

5.8　$\boldsymbol{F}$ 分布と検定・推定

この節では F 分布を導入し，**分散比の推定**や**等分散の検定**などを説明する。

定義 5.20　(**$\boldsymbol{F}$ 分布**)　χ_1^2, χ_2^2 がそれぞれ自由度 ν_1, ν_2 の χ^2 分布に従うとき

$$F = \frac{\chi_1^2/\nu_1}{\chi_2^2/\nu_2} \tag{5.65}$$

は，自由度 (ν_1, ν_2) の F 分布に従う。

注意 5.32　F 分布は発見者のスネデカーと分散分析の創始者であるフィッシャーにちなんで，フィッシャー・スネデカーの F 分布と呼ばれる。

定理 5.18　自由度 (ν_1, ν_2) の F 分布の確率密度関数は，次の式で与えられる。

$$f(F) = \frac{1}{B(\nu_1/2, \nu_2/2)} \frac{((\nu_1/\nu_2)F)^{\nu_1/2}}{F(1+(\nu_1/\nu_2)F)^{(\nu_1+\nu_2)/2}} \tag{5.66}$$

定理 5.19　自由度 (ν_1, ν_2) の F 分布の期待値と分散は，次の式で与えられる。

$$E(F) = \frac{\nu_2}{\nu_2 - 2} \quad (\nu_2 \geqq 3), \qquad V(F) = \frac{2\nu_2^2(\nu_1+\nu_2-2)}{\nu_1(\nu_2-2)^2(\nu_2-4)} \quad (\nu_2 \geqq 5) \tag{5.67}$$

注意 5.33　定理 5.18 と定理 5.19 の証明は，本書の程度を超えるので省略する。なお，定義 5.20 より，次の式が成り立っていることに注意せよ。

$$F_{\nu_2}^{\nu_1}(1-\alpha) F_{\nu_1}^{\nu_2}(\alpha) = 1 \tag{5.68}$$

F 分布の確率密度関数の概形は図 **5.7** で与えられる。

また，自由度 (ν_1, ν_2) の F 分布で，$P(F \geqq F_0) = \alpha$ をみたす F_0 の値を以後 $F^{\nu_1}_{\nu_2}(\alpha)$ と記す。巻末の付表 4.1〜付表 4.4 を参照のこと。

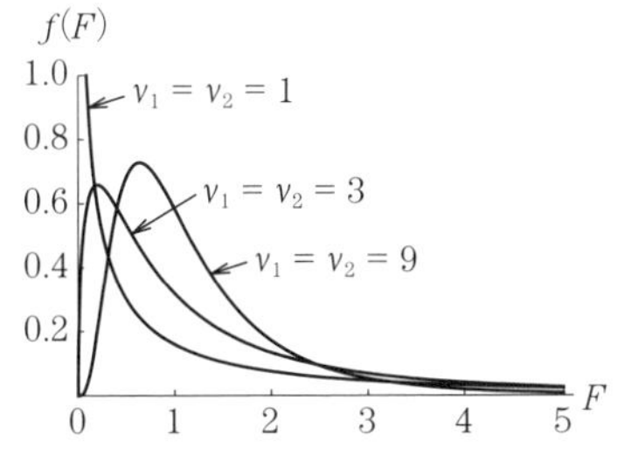

図 5.7　F 分布の確率密度関数

命題 5.20　正規分布 $N(\mu_1, \sigma_1^2)$, $N(\mu_2, \sigma_2^2)$ に従う母集団から，それぞれ n_1 個，n_2 個の標本を復元抽出し，その不偏分散をそれぞれ u_1^2, u_2^2 とする。このとき次の式は，自由度 $(n_1 - 1, n_2 - 1)$ の F 分布に従う。

$$F = \frac{u_1^2/\sigma_1^2}{u_2^2/\sigma_2^2} \tag{5.69}$$

証明　例 5.4 より，$i = 1, 2$ に対して，$\chi_i^2 = (n_i - 1)u_i^2/\sigma_i^2$ は $\nu_i = n_i - 1$ の χ^2 分布に従う。$\chi_i^2/\nu_i = u_i^2/\sigma_i^2$ であるから，その比を取ると定義 5.20 により自由度 $(n_1 - 1, n_2 - 1)$ の F 分布に従う。 □

命題 5.21　いま t が自由度 ν の t 分布に従うとき，$F = t^2$ は自由度 $(1, \nu)$ の F 分布に従う。

証明　確率変数 Z が標準正規分布 $N(0, 1)$ に従うとき，定義 5.18 より Z^2 は自由度 1 の χ^2 分布に従う。式 (5.57) を 2 乗した

$$t^2 = \frac{Z^2/1}{Y/\nu}$$

と定義 5.20 を見比べると，確率変数 Y が自由度 ν の χ^2 分布に従うので，$F = t^2$ が自由度 $(1, \nu)$ の F 分布に従うことが示された。 □

注意 5.34　自由度 $(\nu_1, \nu_2) = (1, \nu)$ のとき，式 (5.67) のうち前半の期待値 $E(F)$ については，命題 5.21 より式 (5.60) の $V(t)$ に等しい。

$$E(F_\nu^1) = V(t_\nu) \quad (\nu \geqq 3)$$

m 組の標本の母平均が等しいかどうかの検定には F 検定を用いる。

命題 5.22　母集団を第1群から第 m 群までの m 群に分け，各群から n_i 個，計 n 個の標本 x_{ij} を採取する $(1 \leqq i \leqq m, 1 \leqq j \leqq n_i, n_1+\cdots+n_m = n)$。全標本平均を $\overline{x}$，第 i 群の標本平均を $\overline{x_i}$ $(i = 1, 2, \cdots, m)$ とする。各 x_{ij} は正規分布 $N(\mu, \sigma^2)$ に従うと仮定する。群内変動 S_E と群間変動 S_A を

$$\left.\begin{aligned} S_E &= \sum_{i=1}^{m} S_i, \qquad S_i = \sum_{j=1}^{n_i}(x_{ij} - \overline{x_i})^2 \\ S_A &= \sum_{j=1}^{n_i} n_i(\overline{x_i} - \overline{x})^2 \end{aligned}\right\} \tag{5.70}$$

のように定義し

$$u_A^2 = \frac{S_A}{m-1}, \qquad u_E^2 = \frac{S_E}{n-m} \tag{5.71}$$

とおくと，次の量 F は自由度 $(m-1, n-m)$ の F 分布に従う。

$$F = \frac{u_A^2}{u_E^2} \tag{5.72}$$

証明　簡単な式変形により全変動 S は S_E と S_A の和で表される。

$$S = \sum_{i=1}^{m}\sum_{j=1}^{n_i}(x_{ij} - \overline{x})^2 = S_E + S_A \tag{5.73}$$

各 x_{ij} が正規分布 $N(\mu, \sigma^2)$ に従うため，例 5.4 より S/σ^2 は自由度 $n-1$ の χ^2 分布に従う。同様に，各 S_i/σ^2 が自由度 n_i-1 の χ^2 分布に従うことと，χ^2 分布の再生性より，S_E/σ^2 は自由度 $(n_1-1)+(n_2-1)+\cdots(n_m-1) = n-m$ の χ^2 分布に従う。よって，$S_A/\sigma^2 = S/\sigma^2 - S_E/\sigma^2$ は自由度 $(n-1)-(n-m) = m-1$ の χ^2 分布に従う。

定義 5.20 より

$$\frac{(S_A/\sigma^2)/(m-1)}{(S_E/\sigma^2)/(n-m)} = \frac{u_A^2}{u_E^2}$$

となるから，式 (5.72) は自由度 $(m-1, n-m)$ の F 分布に従う。　□

例題 5.9　(**等分散の検定・母平均の差の検定**)　次のデータは，A 大学と B 大学の女子新入生各 10 名の身長（単位 cm）である。必要ならば巻末の付表 3, 4 を用いて次の問に答えよ（有意水準 5% で検定せよ）。

A	156	167	162	164	160	155	159	158	154	170
B	160	155	159	158	154	151	160	167	162	164

(1)　A, B 両大学の母分散は等しいといえるか。

(2)　A, B 両大学の母平均は等しいといえるか。

解答例　(1)　まず，両者の標本平均と不偏分散をそれぞれ求める。

$$\overline{X_A} = (156 + \cdots + 170)/10 = 160.5$$

$$u_A^2 = \{(156 - 160.5)^2 + \cdots + (170 - 160.5)^2\}/(10 - 1) = 27.61$$

$$\overline{X_B} = (160 + \cdots + 164)/10 = 159$$

$$u_B^2 = \{(160 - 159)^2 + \cdots + (164 - 159)^2\}/(10 - 1) = 22.89$$

帰無仮説は両者の母分散が等しく，$\sigma_A^2 = \sigma_B^2$ である。F 値を求めると

$$F = \frac{u_A^2/\sigma_A^2}{u_B^2/\sigma_B^2} = \frac{27.61}{22.89} = 1.206 < 4.026 = F_9^9(0.025)$$

となるから，$\sigma_A^2 = \sigma_B^2$ といえる。

(2)　帰無仮説は両者の母平均が等しく，$\mu_A = \mu_B$ である。

$$u^2 = \frac{(n_A - 1)u_A^2 + (n_B - 1)u_B^2}{(n_A - 1) + (n_B - 1)} = \frac{9 \times 27.61 + 9 \times 22.89}{18} = 25.25$$

より，t 値を求めると

$$t = \frac{(\overline{X_A} - \overline{X_B}) - (\mu_A - \mu_B)}{u\sqrt{\dfrac{1}{n_A} + \dfrac{1}{n_B}}} = \frac{1.5}{2.25} = 0.667 < 2.101 = t_{18}(0.025)$$

となるから，$\mu_A = \mu_B$ といえる。◆

練習 5.9　例題 5.9(1) で，A 大学と B 大学を入れ換えると

$$F = \frac{u_B^2/\sigma_B^2}{u_A^2/\sigma_A^2} = \frac{22.89}{27.61} = 0.829 < 1$$

となるが，等分散の検定の際にこれをどう評価すればよいか。

例題 5.10　(**等分散の検定・母平均の差の検定**)　A, B 両集団の各 10 名について，ヘモグロビン A1c (NGSP，単位 %) を調べたところ，次のデータが得られた。必要ならば巻末の付表 3, 4 を用いて次の問に答えよ（有意水準 5% で検定せよ）。

A	6.6	5.2	6.8	4.8	5.9	5.5	4.5	5.8	7.2	5.7
B	5.6	6.0	5.6	4.9	5.5	5.6	5.9	5.1	5.7	5.1

(1)　A, B 両集団の母分散は等しいといえるか。

(2)　A, B 両集団の母平均は等しいといえるか。

解答例　(1)　まず，両者の標本平均と不偏分散をそれぞれ求める。

$$\overline{x_A} = (6.6 + \cdots + 5.7)/10 = 5.8$$

$$u_A^2 = \left\{(6.6 - 5.8)^2 + \cdots + (5.7 - 5.8)^2\right\}/9 = 6.76/9 = 0.751$$

$$\overline{x_B} = (5.6 + \cdots + 5.1)/10 = 5.5$$

$$u_B^2 = \left\{(5.6 - 5.5)^2 + \cdots + (5.1 - 5.5)^2\right\}/9 = 1.16/9 = 0.129$$

帰無仮説は両者の母分散が等しく，$\sigma_A^2 = \sigma_B^2$ である。F 値を求めると

$$F = \frac{u_A^2}{u_B^2} = \frac{0.751}{0.129} = 5.828 > 4.026 = F_9^9(0.025)$$

より†，帰無仮説は棄却されるので，$\sigma_A^2 = \sigma_B^2$ とはいえない。

(2)　分散が等しくない場合のウェルチの t 検定を用いる。

$$c = \frac{u_A^2/n_A}{u_A^2/n_A + u_B^2/n_B} = \frac{0.751/10}{0.751/10 + 0.129/10} = 0.8535$$

$$\frac{1}{\nu} = \frac{c^2}{n_A - 1} + \frac{(1-c)^2}{n_B - 1} = \frac{0.8535^2}{9} + \frac{0.1465^2}{9} = 0.08333$$

より，$\nu = 12.00$ が自由度となる。次の式より $\mu_A = \mu_B$ といえる。

$$t = \frac{|\overline{x_A} - \overline{x_B}|}{\sqrt{\dfrac{u_A^2}{n_A} + \dfrac{u_B^2}{n_B}}} = \frac{5.8 - 5.5}{\sqrt{\dfrac{0.751}{10} + \dfrac{0.129}{10}}} = 1.011 < 2.179 = t_{12}(0.025)$$

◆

練習 5.10　例題 5.9(2) を，ウェルチの t 検定を用いて検定せよ。

† 桁落ちを避けるため，0.751/0.129 ではなく，$9u_A^2/9u_B^2 = 6.76/1.16$ で計算してある。ほかの計算も同様である。

例題 5.11　(**分散分析検定**)　ある会社の男性社員を年齢別に，第 1 群（30 歳代以下），第 2 群（40 歳代），第 3 群（50 歳代）の 3 群に分けた。次のデータは各群から計 14 名無作為抽出された男性社員の血清尿酸値（単位 mg/dL）である。血清尿酸値が年代によって差があるかどうか，有意水準 5% で検定せよ。

群	血清尿酸値					
1 群	5.0	5.7	6.1	6.4		
2 群	4.9	5.4	5.8	6.7		
3 群	4.8	4.9	5.4	5.6	5.8	5.9

解答例　各群の標本平均と全標本平均は

$$\overline{x_1} = (5.0 + 5.7 + 6.1 + 6.4)/4 = 5.8$$

$$\overline{x_2} = (4.9 + 5.4 + 5.8 + 6.7)/4 = 5.7$$

$$\overline{x_3} = (4.8 + 4.9 + 5.4 + 5.6 + 5.8 + 5.9)/6 = 5.4$$

$$\overline{x} = (4\overline{x_1} + 4\overline{x_2} + 6\overline{x_3})/14 = (4 \times 5.8 + 4 \times 5.7 + 6 \times 5.4)/14 = 5.6$$

である。よって群間分散は，次のように求められる。

$$u_A^2 = \{4(\overline{x_1} - \overline{x})^2 + 4(\overline{x_2} - \overline{x})^2 + 6(\overline{x_3} - \overline{x})^2\}/2$$
$$= \{4(0.2)^2 + 4(0.1)^2 + 6(-0.2)^2\}/2 = 0.22$$

一方，各群の分散は

$$u_1^2 = \{(5.0 - 5.8)^2 + \cdots + (6.4 - 5.8)^2\}/3 = 1.1/3$$

$$u_2^2 = \{(4.9 - 5.7)^2 + \cdots + (6.7 - 5.7)^2\}/3 = 1.74/3$$

$$u_3^2 = \{(4.8 - 5.4)^2 + \cdots + (5.9 - 5.4)^2\}/5 = 1.06/5$$

である。よって，群内分散は次のように求められる。

$$u_E^2 = \frac{3u_1^2 + 3u_2^2 + 5u_3^2}{3 + 3 + 5} = \frac{1.1 + 1.74 + 1.06}{11} = 0.355$$

よって，次の式 (5.74) より血清尿酸値は年代によって差があるとはいえない。

$$F = u_A^2/u_E^2 = 0.621 < 3.982 = F_{11}^2(0.05) \tag{5.74}$$ ◆

練習 5.11　例題 5.11 は片側検定であり，式 (5.74) で比較すべき F 値は $F_{11}^2(0.025)$ ではない。それはなぜか説明せよ。

5.9 この章の補足とまとめ

この節では補足として，統計学で扱うさまざまな変数について補足しておく。

定義 5.21 (変数の尺度水準)　その差や比に意味のある変数を**比率尺度変数**という。その比には意味はないが差には意味のある変数を**間隔尺度変数**という。その比や差に意味はないが，大小には意味のある変数を**順序尺度変数**という。異なる対象に異なる数字を割り振った変数であって等しいか異なるかのみ意味をもつ変数を**名義尺度変数**という。

例 5.7　ほぼすべての物理量は比率尺度変数である。健康診断の測定値など，本書で扱ったデータのほとんどは比率尺度変数である。

日常使われる摂氏温度は間隔尺度変数である†。

アンケートなどで，ある政策に対し次の形で賛否を問うことがある。

1. 反対である。　2. やや反対である。　3. どちらともいえない。
4. やや賛成である。　5. 賛成である。

これは 2 よりも 4 のほうが賛成度が高いなど，大小には意味があるが，4 は 2 の 2 倍の賛成度であるとか，4 と 2 の差が 5 と 3 の差に等しいなどの関係はない。したがって，このアンケート番号は順序尺度変数である。

一方，好きな果物のアンケートで次のように番号を振ったもの

1. みかん　2. りんご　3. ぶどう　4. なし $\cdots$

は名義尺度変数である。

この章のまとめとして，次の例題や練習を解いてみよう。

† アメリカ合衆国などで日常的に用いられる華氏温度では，真水の凝固点である摂氏 0°C が華氏 32°F, 沸点である摂氏 100°C が華氏 212°F に当たる。零度の基準が異なることからもわかるように，摂氏または華氏温度の差は意味があるが，比には意味がない。

例題 5.12 次の各検定（有意水準 5% で検定する場合）において用いる分布を，正規分布，χ^2 分布，t 分布，F 分布の中から選べ。

(1) ある交差点を 1 時間に通過する車両台数がポアソン分布に従うと考えてよいかどうか。

(2) 男性と女性各 10 名の血清尿酸値を調べ，性別によって母分散が等しいかどうか。

(3) 60 歳以上の日本人男性で，高血圧者と正常血圧者の人数を学歴別に調べ，学歴と高血圧症に関連があるかどうか。

(4) ある大学で職員の健康診断を実施し，BMI[†1]の男女別の母分散が既知として，母平均が異なるかどうか。

(5) (4) で男女別の母分散が未知ではあるが等しい場合はどうか。

解答例 (1) これは実際の度数分布とある理論分布が一致するかどうか調べる適合度の検定である（例題 5.7 参照）。よって，χ^2 分布を用いる。

(2) これは等分散の検定である（例題 5.9(1), 例題 5.10(1) 参照）。よって，F 分布を用いる。

(3) これは独立性の検定である（練習 5.7 参照）。よって，χ^2 分布を用いる。

(4) これは母分散が既知の場合の母平均の差の検定である（練習 5.5 参照）。よって，正規分布を用いる。

(5) これは母分散が未知ではあるが等しい場合の母平均の差の検定である（例題 5.9(2) 参照）。よって，t 分布を用いる[†2]。 ◆

練習 5.12 学校の通知表における各教科の 5 段階評価の評点は，定義 5.21 の中のどの尺度水準に当たると考えられるか。

また，各教科の評点を合計したものをいわゆる内申点として入学試験の合否判定に用いることに，統計学的にはどのような意味があるか考えてみよ。

[†1] BMI とは体重〔kg〕を身長〔m〕の 2 乗で割った値で，体格指数と呼ばれる。

[†2] 自由度 ν の t 分布に従う確率変数 t に対し，$F = t^2$ が自由度 $(1, \nu)$ の F 分布に従うことを用いて，例題 5.11 のように分散分析検定をしてもよい。よって，F 分布を用いることも可である。

章 末 問 題

【1】 次のデータは，大学生 10 人のある学期の数学の点数 x_1，物理の勉強時間 x_2，物理の点数 x_3 である。これを見て次の問に答えよ。

x_1	60	55	79	62	52	95	80	76	68	73
x_2	10	7	6	5	6	15	8	11	6	6
x_3	81	60	72	53	57	91	75	84	69	78

(1) 回帰平面の方程式 $x_3 = a_0 + a_1x_1 + a_2x_2$ を求めよ。

(2) 重相関係数 $r_{3\cdot12}$ を求めよ。

(3) 偏相関係数 $r_{31\cdot2}$, $r_{32\cdot1}$ を求めよ。

【2】 n 組の 2 変数データ $(x_i, y_i)\,(1 \leqq i \leqq n)$ において，$\{x_i\}$, $\{y_i\}$ がそれぞれ $\{1, 2, \cdots, n\}$ であるとき，x と y の単相関係数 r_{Sp} を**スピアマンの順位相関係数**という。【1】のデータで，数学の成績順位と物理の成績順位の間のスピアマンの順位相関係数を求めよ。

【3】 （**無相関の検定**）それぞれが正規分布に従う 2 変数の単相関係数 ρ が $\rho = 0$ をみたすとする。n 組の標本 $(x_i, y_i)\,(1 \leqq i \leqq n)$ から計算して得られる標本相関係数を r_{xy} とするとき

$$t = \frac{r_{xy}\sqrt{n-2}}{\sqrt{1-r_{xy}^2}}$$

は自由度 $\nu = n - 2$ の t 分布に従うことが知られている。【1】のデータで，物理の点数と勉強時間の間に相関がないかどうか，有意水準 5% で検定せよ。

【4】 エンドウの種子の遺伝の実験で，RRYY と rryy を交配させて生じた F_1（雑種第一代）RrYy の表現型はすべて RY である。F_1 どうしをさらに交雑させて生じた F_2（雑種第二代）の表現型の個数を調べたところ，次の結果を得た。

$$(f_{RY}, f_{Ry}, f_{rY}, f_{ry}) = (104, 34, 29, 9)$$

この結果はメンデルの法則に従うといえるか，有意水準 5% で検定せよ。

付　　　　　表

付表 1　標準正規分布 $\boldsymbol{N(0,1)}$

表中の値は，標準正規分布 $N(0,1)$ に従う確率変数 Z が $Z \leqq z$ である確率

$$P(Z \leqq z) = \int_{-\infty}^{z} f(z)dz$$

である。ここで，$f(z)$ は式 (4.36) の右辺の被積分関数である。例えば $z = 1.96$ のとき，$z = 1.9$ の行の .06 の列の値から，$P(Z \leqq 1.96) = 0.9750$ であることがわかる。

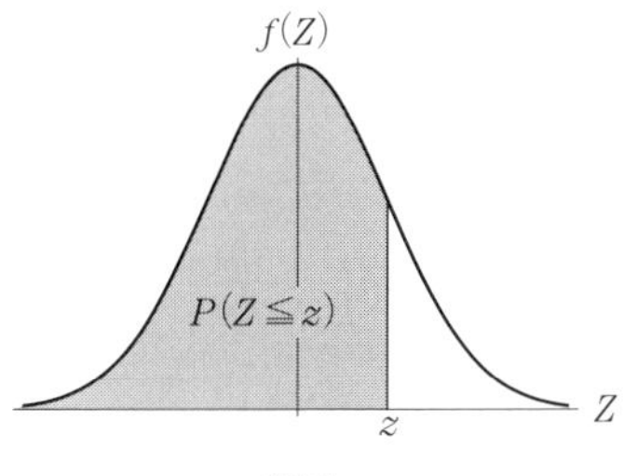

付図 1

z	.00	.01	.02	.03	.04	.05	.06	.07	.08	.09
0.0	.5000	.5040	.5080	.5120	.5160	.5199	.5239	.5279	.5319	.5359
0.1	.5398	.5438	.5478	.5517	.5557	.5596	.5636	.5675	.5714	.5753
0.2	.5793	.5832	.5871	.5910	.5948	.5987	.6026	.6064	.6103	.6141
0.3	.6179	.6217	.6255	.6293	.6331	.6368	.6406	.6443	.6480	.6517
0.4	.6554	.6591	.6628	.6664	.6700	.6736	.6772	.6808	.6844	.6879
0.5	.6915	.6950	.6985	.7019	.7054	.7088	.7123	.7157	.7190	.7224
0.6	.7257	.7291	.7324	.7357	.7389	.7422	.7454	.7486	.7517	.7549
0.7	.7580	.7611	.7642	.7673	.7704	.7734	.7764	.7794	.7823	.7852
0.8	.7881	.7910	.7939	.7967	.7995	.8023	.8051	.8078	.8106	.8133
0.9	.8159	.8186	.8212	.8238	.8264	.8289	.8315	.8340	.8365	.8389
1.0	.8413	.8438	.8461	.8485	.8508	.8531	.8554	.8577	.8599	.8621
1.1	.8643	.8665	.8686	.8708	.8729	.8749	.8770	.8790	.8810	.8830
1.2	.8849	.8869	.8888	.8907	.8925	.8944	.8962	.8980	.8997	.9015
1.3	.9032	.9049	.9066	.9082	.9099	.9115	.9131	.9147	.9162	.9177
1.4	.9192	.9207	.9222	.9236	.9251	.9265	.9279	.9292	.9306	.9319
1.5	.9332	.9345	.9357	.9370	.9382	.9394	.9406	.9418	.9429	.9441
1.6	.9452	.9463	.9474	.9484	.9495	.9505	.9515	.9525	.9535	.9545
1.7	.9554	.9564	.9573	.9582	.9591	.9599	.9608	.9616	.9625	.9633
1.8	.9641	.9649	.9656	.9664	.9671	.9678	.9686	.9693	.9699	.9706
1.9	.9713	.9719	.9726	.9732	.9738	.9744	.9750	.9756	.9761	.9767
2.0	.9772	.9778	.9783	.9788	.9793	.9798	.9803	.9808	.9812	.9817
2.1	.9821	.9826	.9830	.9834	.9838	.9842	.9846	.9850	.9854	.9857
2.2	.9861	.9864	.9868	.9871	.9875	.9878	.9881	.9884	.9887	.9890
2.3	.9893	.9896	.9898	.9901	.9904	.9906	.9909	.9911	.9913	.9916
2.4	.9918	.9920	.9922	.9925	.9927	.9929	.9931	.9932	.9934	.9936
2.5	.9938	.9940	.9941	.9943	.9945	.9946	.9948	.9949	.9951	.9952
2.6	.9953	.9955	.9956	.9957	.9959	.9960	.9961	.9962	.9963	.9964
2.7	.9965	.9966	.9967	.9968	.9969	.9970	.9971	.9972	.9973	.9974
2.8	.9974	.9975	.9976	.9977	.9977	.9978	.9979	.9979	.9980	.9981
2.9	.9981	.9982	.9982	.9983	.9984	.9984	.9985	.9985	.9986	.9986
3.0	.9987	.9987	.9987	.9988	.9988	.9989	.9989	.9989	.9990	.9990

付表 2　χ^2 分布

表中の値は，自由度 ν の χ^2 分布に従う確率変数 χ^2 が χ_0^2 以上である確率が

$$P(\chi^2 \geqq \chi_0^2) = \alpha$$

であるときの χ_0^2 の値である。

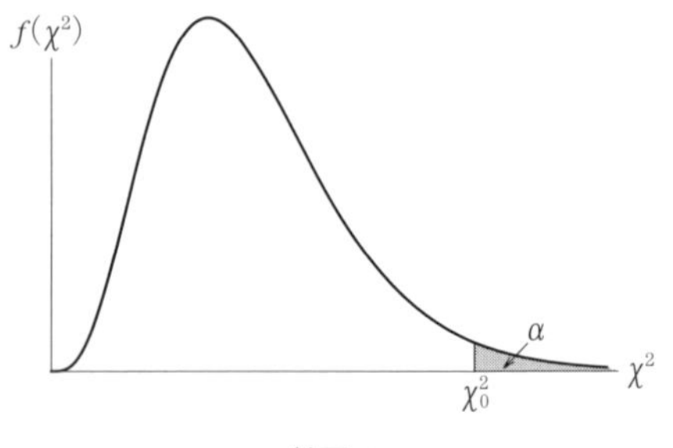

付図 2

ν ＼ α	0.995	0.990	0.975	0.950	0.050	0.025	0.010	0.005
1	.0000	.0002	.0010	.0039	3.841	5.024	6.635	7.879
2	.0100	.0201	.0506	.1026	5.991	7.378	9.210	10.597
3	.0717	.1148	.2158	.3518	7.815	9.348	11.345	12.838
4	.2070	.2971	.4844	.7107	9.488	11.143	13.277	14.860
5	.4117	.5543	.8312	1.145	11.070	12.833	15.086	16.750
6	.6757	.8721	1.237	1.635	12.592	14.449	16.812	18.548
7	.9893	1.239	1.690	2.167	14.067	16.013	18.475	20.278
8	1.344	1.646	2.180	2.733	15.507	17.535	20.090	21.955
9	1.735	2.088	2.700	3.325	16.919	19.023	21.666	23.589
10	2.156	2.558	3.247	3.940	18.307	20.483	23.209	25.188
11	2.603	3.053	3.816	4.575	19.675	21.920	24.725	26.757
12	3.074	3.571	4.404	5.226	21.026	23.337	26.217	28.300
14	4.075	4.660	5.629	6.571	23.685	26.119	29.141	31.319
16	5.142	5.812	6.908	7.962	26.296	28.845	32.000	34.267
18	6.265	7.015	8.231	9.390	28.869	31.526	34.805	37.156
20	7.434	8.260	9.591	10.851	31.410	34.170	37.566	39.997
25	10.520	11.524	13.120	14.611	37.652	40.646	44.314	46.928
30	13.787	14.953	16.791	18.493	43.773	46.979	50.892	53.672
40	20.707	22.164	24.433	26.509	55.758	59.342	63.691	66.766
50	27.991	29.707	32.357	34.764	67.505	71.420	76.154	79.490
60	35.534	37.485	40.482	43.188	79.082	83.298	88.379	91.952
70	43.275	45.442	48.758	51.739	90.531	95.023	100.43	104.21
80	51.172	53.540	57.153	60.391	101.88	106.63	112.33	116.32
90	59.196	61.754	65.647	69.126	113.15	118.14	124.12	128.30
100	67.328	70.065	74.222	77.929	124.34	129.56	135.81	140.17
120	83.852	86.923	91.573	95.705	146.57	152.21	158.95	163.65
140	100.65	104.03	109.14	113.66	168.61	174.65	181.84	186.85
160	117.68	121.35	126.87	131.76	190.52	196.92	204.53	209.82
180	134.88	138.82	144.74	149.97	212.30	219.04	227.06	232.62
200	152.24	156.43	162.73	168.28	233.99	241.06	249.45	255.26

付表 3　t 分布

表中の値は，自由度 ν の t 分布に従う確率変数 t が t_0 以上である確率が

$$P(t \geqq t_0) = \alpha$$

であるときの t_0 の値である。

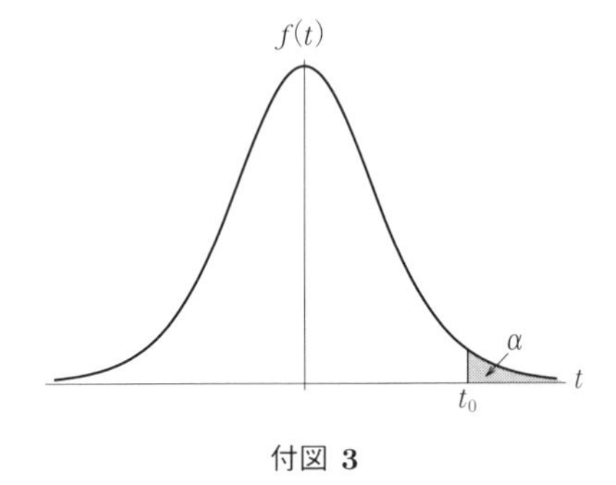

付図 3

ν \ α	0.250	0.100	0.050	0.025	0.010	0.005	0.0005
1	1.0000	3.078	6.314	12.706	31.821	63.657	636.619
2	.8165	1.886	2.920	4.303	6.965	9.925	31.599
3	.7649	1.638	2.353	3.182	4.541	5.841	12.924
4	.7407	1.533	2.132	2.776	3.747	4.604	8.610
5	.7267	1.476	2.015	2.571	3.365	4.032	6.869
6	.7176	1.440	1.943	2.447	3.143	3.707	5.959
7	.7111	1.415	1.895	2.365	2.998	3.499	5.408
8	.7064	1.397	1.860	2.306	2.896	3.355	5.041
9	.7027	1.383	1.833	2.262	2.821	3.250	4.781
10	.6998	1.372	1.812	2.228	2.764	3.169	4.587
11	.6974	1.363	1.796	2.201	2.718	3.106	4.437
12	.6955	1.356	1.782	2.179	2.681	3.055	4.318
13	.6938	1.350	1.771	2.160	2.650	3.012	4.221
14	.6924	1.345	1.761	2.145	2.624	2.977	4.140
15	.6912	1.341	1.753	2.131	2.602	2.947	4.073
16	.6901	1.337	1.746	2.120	2.583	2.921	4.015
17	.6892	1.333	1.740	2.110	2.567	2.898	3.965
18	.6884	1.330	1.734	2.101	2.552	2.878	3.922
19	.6876	1.328	1.729	2.093	2.539	2.861	3.883
20	.6870	1.325	1.725	2.086	2.528	2.845	3.850
22	.6858	1.321	1.717	2.074	2.508	2.819	3.792
24	.6848	1.318	1.711	2.064	2.492	2.797	3.745
26	.6840	1.315	1.706	2.056	2.479	2.779	3.707
28	.6834	1.313	1.701	2.048	2.467	2.763	3.674
30	.6828	1.310	1.697	2.042	2.457	2.750	3.646
40	.6807	1.303	1.684	2.021	2.423	2.704	3.551
50	.6794	1.299	1.676	2.009	2.403	2.678	3.496
60	.6786	1.296	1.671	2.000	2.390	2.660	3.460
120	.6765	1.289	1.658	1.980	2.358	2.617	3.373
∞	.6745	1.282	1.645	1.960	2.326	2.576	3.291

付表 4.1　$\boldsymbol{F}$ 分布 ($\alpha = 0.050$)

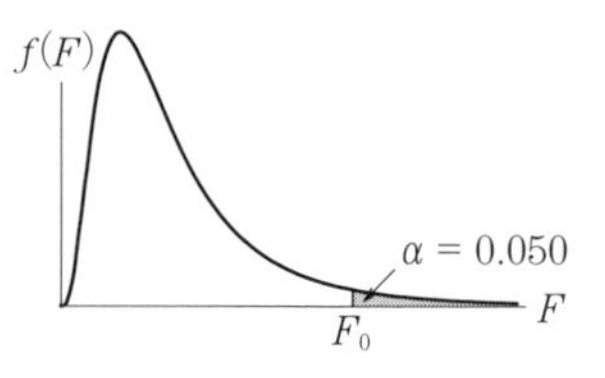

付図 4.1

表中の値は，自由度 (ν_1, ν_2) の F 分布に従う確率変数 F が F_0 以上である確率が

$$P(F \geqq F_0) = 0.050$$

であるときの F_0 の値である。

ν_2 \ ν_1	1	2	3	4	5	6	7	8	9
1	161.45	199.50	215.71	224.58	230.16	233.99	236.77	238.88	240.54
2	18.513	19.000	19.164	19.247	19.296	19.330	19.353	19.371	19.385
3	10.128	9.552	9.277	9.117	9.013	8.941	8.887	8.845	8.812
4	7.709	6.944	6.591	6.388	6.256	6.163	6.094	6.041	5.999
5	6.608	5.786	5.409	5.192	5.050	4.950	4.876	4.818	4.772
6	5.987	5.143	4.757	4.534	4.387	4.284	4.207	4.147	4.099
7	5.591	4.737	4.347	4.120	3.972	3.866	3.787	3.726	3.677
8	5.318	4.459	4.066	3.838	3.687	3.581	3.500	3.438	3.388
9	5.117	4.256	3.863	3.633	3.482	3.374	3.293	3.230	3.179
10	4.965	4.103	3.708	3.478	3.326	3.217	3.135	3.072	3.020
11	4.844	3.982	3.587	3.357	3.204	3.095	3.012	2.948	2.896
12	4.747	3.885	3.490	3.259	3.106	2.996	2.913	2.849	2.796
16	4.494	3.634	3.239	3.007	2.852	2.741	2.657	2.591	2.538
20	4.351	3.493	3.098	2.866	2.711	2.599	2.514	2.447	2.393
30	4.171	3.316	2.922	2.690	2.534	2.421	2.334	2.266	2.211
40	4.085	3.232	2.839	2.606	2.449	2.336	2.249	2.180	2.124
50	4.034	3.183	2.790	2.557	2.400	2.286	2.199	2.130	2.073
60	4.001	3.150	2.758	2.525	2.368	2.254	2.167	2.097	2.040

ν_2 \ ν_1	10	11	12	16	20	30	40	50	60
1	241.88	242.98	243.91	246.46	248.01	250.10	251.14	251.77	252.20
2	19.386	19.405	19.413	19.433	19.446	19.462	19.471	19.476	19.479
3	8.786	8.763	8.745	8.692	8.660	8.617	8.594	8.581	8.572
4	5.964	5.936	5.912	5.844	5.803	5.746	5.717	5.699	5.688
5	4.735	4.704	4.678	4.604	4.558	4.496	4.464	4.444	4.431
6	4.060	4.027	4.000	3.922	3.874	3.808	3.774	3.754	3.740
7	3.637	3.603	3.575	3.494	3.445	3.376	3.340	3.319	3.304
8	3.347	3.313	3.284	3.202	3.150	3.079	3.043	3.020	3.005
9	3.137	3.102	3.073	2.989	2.936	2.864	2.826	2.803	2.787
10	2.978	2.943	2.913	2.828	2.774	2.700	2.661	2.637	2.621
11	2.854	2.818	2.788	2.701	2.646	2.570	2.531	2.507	2.490
12	2.753	2.717	2.687	2.599	2.544	2.466	2.426	2.401	2.384
16	2.494	2.456	2.425	2.333	2.276	2.194	2.151	2.124	2.106
20	2.348	2.310	2.278	2.184	2.124	2.039	1.994	1.966	1.946
30	2.165	2.126	2.092	1.995	1.932	1.841	1.792	1.761	1.740
40	2.077	2.038	2.003	1.904	1.839	1.744	1.693	1.660	1.637
50	2.026	1.986	1.952	1.850	1.784	1.687	1.634	1.599	1.576
60	1.993	1.952	1.917	1.815	1.748	1.649	1.594	1.559	1.534

付表 4.2　F 分布 ($\alpha = 0.025$)

表中の値は，自由度 (ν_1, ν_2) の F 分布に従う確率変数 F が F_0 以上である確率が

$$P(F \geqq F_0) = 0.025$$

であるときの F_0 の値である。

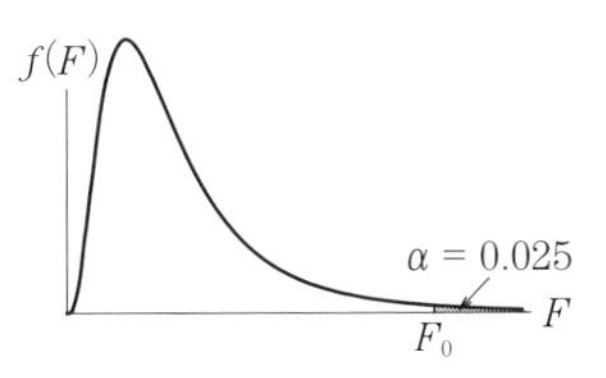

付図 4.2

ν_2 \ ν_1	1	2	3	4	5	6	7	8	9
1	647.79	799.50	864.16	899.58	921.85	937.11	948.22	956.66	963.28
2	38.506	39.000	39.165	39.248	39.298	39.331	39.355	39.373	39.387
3	17.443	16.044	15.439	15.101	14.885	14.735	14.624	14.540	14.473
4	12.218	10.649	9.979	9.605	9.364	9.197	9.074	8.980	8.905
5	10.007	8.434	7.764	7.388	7.146	6.978	6.853	6.757	6.681
6	8.813	7.260	6.599	6.227	5.988	5.820	5.695	5.600	5.523
7	8.073	6.542	5.890	5.523	5.285	5.119	4.995	4.899	4.823
8	7.571	6.059	5.416	5.053	4.817	4.652	4.529	4.433	4.357
9	7.209	5.715	5.078	4.718	4.484	4.320	4.197	4.102	4.026
10	6.937	5.456	4.826	4.468	4.236	4.072	3.950	3.855	3.779
11	6.724	5.256	4.630	4.275	4.044	3.881	3.759	3.664	3.588
12	6.554	5.096	4.474	4.121	3.891	3.728	3.607	3.512	3.436
16	6.115	4.687	4.077	3.729	3.502	3.341	3.219	3.125	3.049
20	5.871	4.461	3.859	3.515	3.289	3.128	3.007	2.913	2.837
30	5.568	4.182	3.589	3.250	3.026	2.867	2.746	2.651	2.575
40	5.424	4.051	3.463	3.126	2.904	2.744	2.624	2.529	2.452
50	5.340	3.975	3.390	3.054	2.833	2.674	2.553	2.458	2.381
60	5.286	3.925	3.343	3.008	2.786	2.627	2.507	2.412	2.334

ν_2 \ ν_1	10	11	12	16	20	30	40	50	60
1	968.63	973.03	976.71	986.92	993.10	1001.4	1005.6	1008.1	1009.8
2	39.398	39.407	39.415	39.435	39.448	39.465	39.473	39.478	39.481
3	14.419	14.374	14.337	14.232	14.167	14.081	14.037	14.010	13.992
4	8.844	8.794	8.751	8.633	8.560	8.461	8.411	8.381	8.360
5	6.619	6.568	6.525	6.403	6.329	6.227	6.175	6.144	6.123
6	5.461	5.410	5.366	5.244	5.168	5.065	5.012	4.980	4.959
7	4.761	4.709	4.666	4.543	4.467	4.362	4.309	4.276	4.254
8	4.295	4.243	4.200	4.076	3.999	3.894	3.840	3.807	3.784
9	3.964	3.912	3.868	3.744	3.667	3.560	3.505	3.472	3.449
10	3.717	3.665	3.621	3.496	3.419	3.311	3.255	3.221	3.198
11	3.526	3.474	3.430	3.304	3.226	3.118	3.061	3.027	3.004
12	3.374	3.321	3.277	3.152	3.073	2.963	2.906	2.871	2.848
16	2.986	2.934	2.889	2.761	2.681	2.568	2.509	2.472	2.447
20	2.774	2.721	2.676	2.547	2.464	2.349	2.287	2.249	2.223
30	2.511	2.458	2.412	2.280	2.195	2.074	2.009	1.968	1.940
40	2.388	2.334	2.288	2.154	2.068	1.943	1.875	1.832	1.803
50	2.317	2.263	2.216	2.081	1.993	1.866	1.796	1.752	1.721
60	2.270	2.216	2.169	2.033	1.944	1.815	1.744	1.699	1.667

付表 4.3　F 分布 $(\alpha = 0.010)$

表中の値は，自由度 (ν_1, ν_2) の F 分布に従う確率変数 F が F_0 以上である確率が

$$P(F \geqq F_0) = 0.010$$

であるときの F_0 の値である。

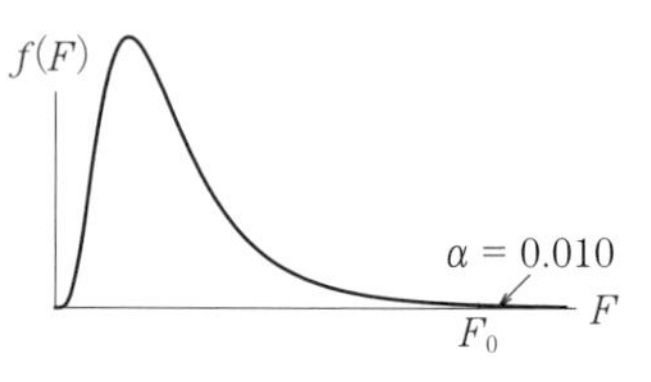

付図 4.3

ν_2 \ ν_1	1	2	3	4	5	6	7	8	9
1	4052.2	4999.5	5403.4	5624.6	5763.6	5859.0	5928.4	5981.1	6022.5
2	98.503	99.000	99.166	99.249	99.299	99.333	99.356	99.374	99.388
3	34.116	30.817	29.457	28.710	28.237	27.911	27.672	27.489	27.345
4	21.198	18.000	16.694	15.977	15.522	15.207	14.976	14.799	14.659
5	16.258	13.274	12.060	11.392	10.967	10.672	10.456	10.289	10.158
6	13.745	10.925	9.780	9.148	8.746	8.466	8.260	8.102	7.976
7	12.246	9.547	8.451	7.847	7.460	7.191	6.993	6.840	6.719
8	11.259	8.649	7.591	7.006	6.632	6.371	6.178	6.029	5.911
9	10.561	8.022	6.992	6.422	6.057	5.802	5.613	5.467	5.351
10	10.044	7.559	6.552	5.994	5.636	5.386	5.200	5.057	4.942
11	9.646	7.206	6.217	5.668	5.316	5.069	4.886	4.744	4.632
12	9.330	6.927	5.953	5.412	5.064	4.821	4.640	4.499	4.388
16	8.531	6.226	5.292	4.773	4.437	4.202	4.026	3.890	3.780
20	8.096	5.849	4.938	4.431	4.103	3.871	3.699	3.564	3.457
30	7.562	5.390	4.510	4.018	3.699	3.473	3.304	3.173	3.067
40	7.314	5.179	4.313	3.828	3.514	3.291	3.124	2.993	2.888
50	7.171	5.057	4.199	3.720	3.408	3.186	3.020	2.890	2.785
60	7.077	4.977	4.126	3.649	3.339	3.119	2.953	2.823	2.718

ν_2 \ ν_1	10	11	12	16	20	30	40	50	60
1	6055.8	6083.3	6106.3	6170.1	6208.7	6260.6	6286.8	6302.5	6313.0
2	99.399	99.408	99.416	99.437	99.449	99.466	99.474	99.479	99.482
3	27.229	27.133	27.052	26.827	26.690	26.505	26.411	26.354	26.316
4	14.546	14.452	14.374	14.154	14.020	13.838	13.745	13.690	13.652
5	10.051	9.963	9.888	9.680	9.553	9.379	9.291	9.238	9.202
6	7.874	7.790	7.718	7.519	7.396	7.229	7.143	7.091	7.057
7	6.620	6.538	6.469	6.275	6.155	5.992	5.908	5.858	5.824
8	5.814	5.734	5.667	5.477	5.359	5.198	5.116	5.065	5.032
9	5.257	5.178	5.111	4.924	4.808	4.649	4.567	4.517	4.483
10	4.849	4.772	4.706	4.520	4.405	4.247	4.165	4.115	4.082
11	4.539	4.462	4.397	4.213	4.099	3.941	3.860	3.810	3.776
12	4.296	4.220	4.155	3.972	3.858	3.701	3.619	3.569	3.535
16	3.691	3.616	3.553	3.372	3.259	3.101	3.018	2.967	2.933
20	3.368	3.294	3.231	3.051	2.938	2.778	2.695	2.643	2.608
30	2.979	2.906	2.843	2.663	2.549	2.386	2.299	2.245	2.208
40	2.801	2.727	2.665	2.484	2.369	2.203	2.114	2.058	2.019
50	2.698	2.625	2.562	2.382	2.265	2.098	2.007	1.949	1.909
60	2.632	2.559	2.496	2.315	2.198	2.028	1.936	1.877	1.836

付表 4.4　*F* 分布 ($\alpha = 0.005$)

表中の値は，自由度 (ν_1, ν_2) の F 分布に従う確率変数 F が F_0 以上である確率が

$$P(F \geqq F_0) = 0.005$$

であるときの F_0 の値である。

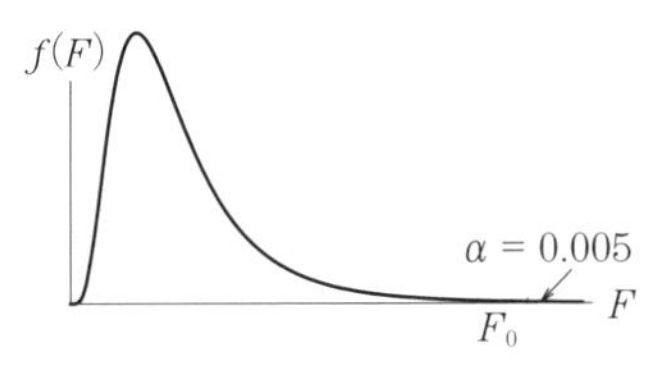

付図 4.4

ν_2 \ ν_1	1	2	3	4	5	6	7	8	9
1	16211	20000	21615	22500	23056	23437	23715	23925	24091
2	198.50	199.00	199.17	199.25	199.30	199.33	199.36	199.37	199.39
3	55.552	49.799	47.467	46.195	45.392	44.838	44.434	44.126	43.882
4	31.333	26.284	24.259	23.155	22.456	21.975	21.622	21.352	21.139
5	22.785	18.314	16.530	15.556	14.940	14.513	14.200	13.961	13.772
6	18.635	14.544	12.917	12.028	11.464	11.073	10.786	10.566	10.391
7	16.236	12.404	10.882	10.050	9.522	9.155	8.885	8.678	8.514
8	14.688	11.042	9.596	8.805	8.302	7.952	7.694	7.496	7.339
9	13.614	10.107	8.717	7.956	7.471	7.134	6.885	6.693	6.541
10	12.826	9.427	8.081	7.343	6.872	6.545	6.302	6.116	5.968
11	12.226	8.912	7.600	6.881	6.422	6.102	5.865	5.682	5.537
12	11.754	8.510	7.226	6.521	6.071	5.757	5.525	5.345	5.202
16	10.575	7.514	6.303	5.638	5.212	4.913	4.692	4.521	4.384
20	9.944	6.986	5.818	5.174	4.762	4.472	4.257	4.090	3.956
30	9.180	6.355	5.239	4.623	4.228	3.949	3.742	3.580	3.450
40	8.828	6.066	4.976	4.374	3.986	3.713	3.509	3.350	3.222
50	8.626	5.902	4.826	4.232	3.849	3.579	3.376	3.219	3.092
60	8.495	5.795	4.729	4.140	3.760	3.492	3.291	3.134	3.008

ν_2 \ ν_1	10	11	12	16	20	30	40	50	60
1	24224	24334	24426	24681	24836	25044	25148	25211	25253
2	199.40	199.41	199.42	199.44	199.45	199.47	199.47	199.48	199.48
3	43.686	43.524	43.387	43.008	42.778	42.466	42.308	42.213	42.149
4	20.967	20.824	20.705	20.371	20.167	19.892	19.752	19.667	19.611
5	13.618	13.491	13.384	13.086	12.903	12.656	12.530	12.454	12.402
6	10.250	10.133	10.034	9.758	9.589	9.358	9.241	9.170	9.122
7	8.380	8.270	8.176	7.915	7.754	7.534	7.422	7.354	7.309
8	7.211	7.104	7.015	6.763	6.608	6.396	6.288	6.222	6.177
9	6.417	6.314	6.227	5.983	5.832	5.625	5.519	5.454	5.410
10	5.847	5.746	5.661	5.422	5.274	5.071	4.966	4.902	4.859
11	5.418	5.320	5.236	5.001	4.855	4.654	4.551	4.488	4.445
12	5.085	4.988	4.906	4.674	4.530	4.331	4.228	4.165	4.123
16	4.272	4.179	4.099	3.875	3.734	3.539	3.437	3.375	3.332
20	3.847	3.756	3.678	3.457	3.318	3.123	3.022	2.959	2.916
30	3.344	3.255	3.179	2.961	2.823	2.628	2.524	2.459	2.415
40	3.117	3.028	2.953	2.737	2.598	2.401	2.296	2.230	2.184
50	2.988	2.900	2.825	2.609	2.470	2.272	2.164	2.097	2.050
60	2.904	2.817	2.742	2.526	2.387	2.187	2.079	2.010	1.962

引用・参考文献

- 「初等関数」,「微分積分」,「線形代数」については，著者の近著を下敷きにした。

1）桑野泰宏：基礎からの微分積分，コロナ社（2014）
2）桑野泰宏：基礎からの線形代数，コロナ社（2014）
ただし，本書は上記文献1), 2) と理論構成や題材選択を若干変えてある。また，定理などの証明問題を除いて，例題・練習・章末問題に重複がないようにした。

- 前半の 3 章について本書の読者の参考となる書籍をいくつか挙げておく。

3）杉浦光夫：解析入門 I・II，東京大学出版会（1980, 1985）
4）竹之内脩：常微分方程式，学研メディカル秀潤社（1985）
5）石村園子：やさしく学べる微分積分，共立出版（1999）
6）齋藤正彦：はじめての微積分（上）・（下），朝倉書店（2002, 2003）
7）齋藤正彦：線型代数入門，東京大学出版会（1966）
8）岩堀長慶，近藤　武，伊原信一郎，加藤十吉：線形代数学，裳華房（1982）
9）石村園子：やさしく学べる線形代数，共立出版（2000）
10) 長谷川浩司：線型代数，日本評論社（2004）

- 「確率」と「統計」については，以下の書籍とウェブサイトを参考にした。

11) 林　周二：統計学講義（第 2 版），丸善（1973）
12) 薩摩順吉：確率・統計（理工系の数学入門コース 7），岩波書店（1989）
13) 佐藤敏雄，村松　宰：やさしい医療系の統計学（第 2 版），医歯薬出版（2002）
14) 石村園子：やさしく学べる統計学，共立出版（2006）
15) 鈴木　武，山田作太郎：数理統計学（第 5 版），内田老鶴圃（2008）
16) 厚生労働省：国民健康・栄養調査，http://www.mhlw.go.jp/bunya/kenkou/kenkou_eiyou_chousa.html（2014 年 9 月現在）

- 数学の歴史については，以下の書籍を参考にした。

17) ヴィクター・J・カッツ（上野健爾，三浦伸夫 監訳，中根美知代，林知宏，佐藤賢一，中沢　聡，高橋秀裕，大谷卓史，東慎一郎 訳）：カッツ数学の歴史，共立出版（2005）

練習問題解答

【1章】

練習 1.1　加法定理より次の結果を得る。

$$\cos\frac{\pi}{12} = \cos\left(\frac{\pi}{3}-\frac{\pi}{4}\right) = \cos\frac{\pi}{3}\cos\frac{\pi}{4} + \sin\frac{\pi}{3}\sin\frac{\pi}{4}$$
$$= \frac{1}{2}\frac{1}{\sqrt{2}} + \frac{\sqrt{3}}{2}\frac{1}{\sqrt{2}} = \frac{\sqrt{3}+1}{2\sqrt{2}} = \frac{\sqrt{6}+\sqrt{2}}{4}$$

練習 1.2　(1)　三角関数の合成†より次の式が成り立つ。

$$y = 2\left(\frac{1}{2}\sin x + \frac{\sqrt{3}}{2}\cos x\right) = 2\left(\sin x\cos\frac{\pi}{3} + \cos x\sin\frac{\pi}{3}\right)$$
$$= 2\sin\left(x+\frac{\pi}{3}\right)$$

(2)　$0 \leqq x < 2\pi$ のとき $\pi/3 \leqq x + \pi/3 < 7\pi/3$ より

$x+\dfrac{\pi}{3} = \dfrac{\pi}{2}$，すなわち $x = \pi/6$ のとき y の最大値は 2

$x+\dfrac{\pi}{3} = \dfrac{3\pi}{2}$，すなわち $x = 7\pi/6$ のとき y の最小値は -2

練習 1.3

証明　まず，$\alpha = \tan^{-1}(1/2)$, $\beta = \tan^{-1}(1/3)$ とおくと，$0 < \beta < \alpha < \pi/4$ より

$$0 < \alpha + \beta < \pi/2 \tag{解 1.1}$$

加法定理により

$$\tan(\alpha+\beta) = \frac{\tan\alpha + \tan\beta}{1-\tan\alpha\tan\beta} = \frac{(1/2)+(1/3)}{1-(1/2)\times(1/3)} = 1 \tag{解 1.2}$$

式 (解 1.1)，式 (解 1.2) を合わせて次の結果を得る。

$$\tan^{-1}\frac{1}{2} + \tan^{-1}\frac{1}{3} = \alpha + \beta = \frac{\pi}{4}$$ □

† 一般に，$A\sin x + B\cos x = \sqrt{A^2+B^2}\sin(x+\alpha)$ が成り立つ。ただし，α は $\cos\alpha = A/\sqrt{A^2+B^2}$, $\sin\alpha = B/\sqrt{A^2+B^2}$ をみたす角である。

練習 1.4　(1)　$8^{\frac{4}{3}} = \sqrt[3]{8^4} = \sqrt[3]{(2^3)^4} = \sqrt[3]{(2^4)^3} = 2^4 = 16$

(2)　$27^{\frac{2}{3}} = \sqrt[3]{27^2} = \sqrt[3]{(3^3)^2} = \sqrt[3]{(3^2)^3} = 3^2 = 9$

練習 1.5

証明　まず，$a_1, a_2, \cdots, a_n > 0$ のとき

$$\frac{a_1 + a_2 + \cdots + a_n}{n} \geqq \sqrt[n]{a_1 a_2 \cdots a_n} \qquad \text{(解 1.3)}$$

が成り立つことを示す。ただし，等号は $a_1 = a_2 = \cdots = a_n$ のときに限る†。

式 (解 1.3) は $n = 2^k \, (k = 1, 2, 3, \cdots)$ のとき成り立つ。$n = 2 (k = 1)$ のときは例題 1.5(1) ですでに示されている。$n = 2^k$ のとき式 (解 1.3) が成り立つとすると，$n = 2^{k+1}$ のとき次の式が成り立つ。

$$\begin{aligned}
&\frac{a_1 + a_2 + \cdots + a_n}{n} \\
&= \frac{1}{2}\left(\frac{a_1 + a_2 + \cdots + a_{2^k}}{2^k} + \frac{a_{2^k+1} + a_{2^k+2} + \cdots + a_{2^{k+1}}}{2^k}\right) \\
&\geqq \sqrt{\frac{a_1 + a_2 + \cdots + a_{2^k}}{2^k} \frac{a_{2^k+1} + a_{2^k+2} + \cdots + a_{2^{k+1}}}{2^k}} \\
&\geqq \sqrt{\sqrt[2^k]{a_1 a_2 \cdots a_{2^k}} \sqrt[2^k]{a_{2^k+1} a_{2^k+2} \cdots a_{2^{k+1}}}} \\
&= \sqrt[n]{a_1 a_2 \cdots a_{2^k} a_{2^k+1} a_{2^k+2} \cdots a_{2^{k+1}}}
\end{aligned}$$

$n \neq 2^k$ のときは $2^{k-1} < n < 2^k$ をみたす k がある。$a_1 + a_2 + \cdots + a_n = n\alpha$ とおくと

$$\begin{aligned}
\frac{a_1 + a_2 + \cdots + a_n + (2^k - n)\alpha}{2^k} &= \frac{n\alpha + (2^k - n)\alpha}{2^k} = \alpha \\
&\geqq \sqrt[2^k]{a_1 a_2 \cdots a_n \alpha^{2^k - n}}
\end{aligned}$$

となるが，この両辺を 2^k 乗して

$$\alpha^{2^k} \geqq a_1 a_2 \cdots a_n \alpha^{2^k - n} \qquad \alpha^n \geqq a_1 a_2 \cdots a_n$$

を得る。これと $\alpha = (a_1 + a_2 + \cdots + a_n)/n$ と合わせて，式 (解 1.3) が一般に成り立つ。

例題 1.5(2) で，P と Q を $(1 - t) : t$ の比に内分する点 (r, s) について考える。仮定により，$t = m/n \, (1 \leqq m < n)$ とおける。このとき

† これを，n 変数の相加・相乗平均の関係という。

$$r = tp + (1-t)q = \frac{mp + (n-m)q}{n}$$
$$s = tf(p) + (1-t)f(q) = \frac{m2^p + (n-m)2^q}{n}$$

である。$a_1 = \cdots = a_m = 2^p \neq a_{m+1} = \cdots = a_n = 2^q$ とおくと

$$s = \frac{m2^p + (n-m)2^q}{n} = \frac{a_1 + \cdots + a_n}{n}$$
$$> \sqrt[n]{a_1 \cdots a_n} = \sqrt[n]{(2^p)^m (2^q)^{n-m}} \qquad (解 1.4)$$

となる。ここで，式 (解 1.3) を用いた。式 (解 1.4) は

$$s > 2^{\frac{mp+(n-m)q}{n}} = f(r)$$

を意味する。よって題意は示された。　□

練習 1.6　(1)　練習 1.4(2) より，$\log_{27} 9 = 2/3$ である。

別解　底の変換公式より，$\log_{27} 9 = \log_3 9 / \log_3 27 = 2/3$ である。

(2)　底の変換公式より，$\log_2 3 \cdot \log_3 4 = \log_2 3 \times (\log_2 4 / \log_2 3) = \log_2 4 = 2$ である。

【2 章】

練習 2.1

証明　(4)　公式 (2.7 b) の両辺の自然対数を取ることにより

$$\lim_{h \to 0} \frac{\log(1+h)}{h} = 1 \qquad (解 2.1)$$

が成り立つ。いま

$$\frac{\log(x+h) - \log x}{h} = \frac{\log(1+h/x)}{h} = \frac{1}{x}\frac{\log(1+h/x)}{h/x}$$

となるので，$h \to 0$ の極限が取れて

$$(\log x)' = \frac{1}{x} \lim_{h \to 0} \frac{\log(1+(h/x))}{(h/x)} = \frac{1}{x}$$

となる。最後の等式で，式 (解 2.1) を用いた。

(5)　式 (解 2.1) で $h = e^t - 1$ とおくと，$h \to 0 \Longleftrightarrow t \to 0$ である。よって式 (解 2.1) から

$$\lim_{t\to 0}\frac{\log(e^t)}{e^t-1}=\lim_{t\to 0}\frac{t}{e^t-1}=1 \qquad (解 2.2)$$

が従う。よって

$$(e^x)'=\lim_{h\to 0}\frac{e^{x+h}-e^x}{h}=\lim_{h\to 0}\frac{e^x(e^h-1)}{h}=e^x$$

となる。最後の等式で，式 (解 2.2) を用いた。　□

練習 2.2　例 2.5 より，$f(x)=x^2$ の原始関数の一つは $F(x)=x^3/3$ である。よって，定理 2.2 より次の結果を得る。

$$\int_0^1 x^2 dx=\left[\frac{x^3}{3}\right]_0^1=\frac{1^3}{3}-\frac{0^3}{3}=\frac{1}{3}$$

練習 2.3　(1)　$x^2-x+1=t$ とおけば，$(t^3)'=3t^2$, $(x^2-x+1)'=2x-1$ より

$$((x^2-x+1)^3)'=3t^2\cdot(2x-1)=3(2x-1)(x^2-x+1)^2$$

(2)　$2x-3=t$ とおけば，$(\cos t)'=-\sin t$, $(2x-3)'=2$ より

$$(\cos(2x-3))'=-\sin t\cdot 2=-2\sin(2x-3)$$

(3)　$x^2=t$ とおけば，$(\sin^{-1}t)'=1/\sqrt{1-t^2}$, $(x^2)'=2x$ より

$$(\sin^{-1}(x^2))'=\frac{1}{\sqrt{1-t^2}}\times 2x=\frac{2x}{\sqrt{1-x^4}}$$

練習 2.4　(1)　$2x=t$ とおくと，$x=t/2$ より $dx=\dfrac{dx}{dt}dt=\dfrac{1}{2}dt$ である。積分区間が $x\in[0,1]$ から $t=2x\in[0,2]$ になることに注意して次の結果を得る。

$$\int_0^1 e^{2x}dx=\int_0^2 e^t\frac{dt}{2}=\left[\frac{e^t}{2}\right]_0^2=\frac{e^2-1}{2}$$

(2)　$x=at$ とおくと，$dx=\dfrac{dx}{dt}dt=adt$ である。積分区間が $x\in[0,a/2]$ から $t\in[0,1/2]$ になることに注意して次の結果を得る。

$$\int_0^{\frac{a}{2}}\frac{dx}{\sqrt{a^2-x^2}}=\int_0^{\frac{1}{2}}\frac{adt}{\sqrt{a^2-a^2t^2}}=\int_0^{\frac{1}{2}}\frac{dt}{\sqrt{1-t^2}}$$
$$=\left[\sin^{-1}t\right]_0^{\frac{1}{2}}=\sin^{-1}\frac{1}{2}=\frac{\pi}{6}$$

練習 2.5　(1)　チェイン・ルール（定理 2.3）より，次の結果を得る。

$$f'(x) = \frac{1}{\tan x}(\tan x)' = \frac{1}{\tan x \cos^2 x} = \frac{1}{\sin x \cos x}$$

(2)　加法定理より，$\sin 2x = 2\sin x \cos x$ であるから

$$f'(x) = \frac{1}{\sin x \cos x} = \frac{2}{\sin 2x}$$

である。よって，$f'(x)$ の最小値は 2 で，最小値を与える x の値は $x = \pi/4$ である。

練習 2.6　(1)　$\cos x = (\sin x)'$ より

$$\int x \cos x dx = x \sin x - \int (x)' \sin x dx = x \sin x + \cos x + C$$

(2)　$x^2 = (x^3/3)'$ より

$$\begin{aligned}\int x^2 \log x dx &= \frac{x^3}{3}\log x - \int \frac{x^3}{3}(\log x)' dx = \frac{x^3}{3}\log x - \int \frac{x^3}{3}\frac{1}{x}dx \\ &= \frac{x^3}{3}\log x - \frac{x^3}{9} + C = \frac{x^3}{9}(3\log x - 1) + C\end{aligned}$$

練習 2.7　(1)　積分形である。両辺を積分して次の結果を得る。

$$y = \int e^{3x} dx = \frac{e^{3x}}{3} + C \qquad (C \text{ は積分定数，以下同})$$

(2)　変数分離形である。$y \neq 0$ のとき，$y'/y^2 = x$ の両辺を x で積分して

$$-\frac{1}{y} = \frac{x^2}{2} + C, \qquad y = -\frac{1}{x^2/2 + C}$$

となる。また，恒等的に $y = 0$ も微分方程式が $0 = 0$ の意味で成り立つから解である。よって，これらを二つ合わせて，次の解を得る。

$$y = -\frac{1}{x^2/2 + C}, \text{ または } y = 0$$

練習 2.8　(1)　$y' = y$ の解は $y = Ke^x$ である。係数変化法より，次の結果を得る。

$$y = e^x\left(\int e^{-x} e^{2x} dx + C\right) = e^x(e^x + C) = e^{2x} + Ce^x$$

(2)　$y' = -y\cos x$ の解は，$y = e^{-\int \cos x dx} = Ke^{-\sin x}$ となる。よって

$$
\begin{aligned}
y &= e^{-\sin x}\left(\int e^{\sin x}\cos x dx + C\right)\\
&= e^{-\sin x}\left(e^{\sin x} + C\right) = Ce^{-\sin x} + 1
\end{aligned}
$$

を得る。ここで，$(e^{\sin x})' = e^{\sin x}\cos x$ を用いた。

【3 章】

練習 3.1　A, B, C, D, E の座標をそれぞれ $(1,0)$, $(\cos\theta, \sin\theta)$, $(\cos 2\theta, \sin 2\theta)$, $(\cos 3\theta, \sin 3\theta)$, $(\cos 4\theta, \sin 4\theta)$ とおく。ただし，$\theta = 2\pi/5$ とする。$5\theta = 2\pi$ より，$\sin\theta + \sin 4\theta = \sin 2\theta + \sin 3\theta = 0$ となり，$\overrightarrow{\mathrm{OA}} + \overrightarrow{\mathrm{OB}} + \overrightarrow{\mathrm{OC}} + \overrightarrow{\mathrm{OD}} + \overrightarrow{\mathrm{OE}}$ の y 成分は 0 である。

一方，$\alpha = 0, \theta, 2\theta$ は $\cos 3\alpha = \cos 2\alpha$ をみたす。加法定理より

$$
\begin{aligned}
\cos 2\alpha &= \cos^2\alpha - \sin^2\alpha = 2\cos^2\alpha - 1\\
\cos 3\alpha &= \cos 2\alpha\cos\alpha - \sin 2\alpha\sin\alpha\\
&= (2\cos^2\alpha - 1)\cos\alpha - 2\sin\alpha\cos\alpha\sin\alpha = 4\cos^3\alpha - 3\cos\alpha
\end{aligned}
$$

であるから，$t = \cos 0 (= 1), \cos\theta, \cos 2\theta$ は

$$
4t^3 - 3t = 2t^2 - 1, \qquad 4t^3 - 2t^2 - 3t + 1 = 0
$$

の 3 根である。よって

$$
4t^3 - 2t^2 - 3t + 1 = 4(t-1)(t-\cos\theta)(t-\cos 2\theta)
$$

が成り立つから，t^2 の係数比較より

$$
2 = 4(1 + \cos\theta + \cos 2\theta), \qquad 1 + 2(\cos\theta + \cos 2\theta) = 0 \tag{解 3.1}
$$

となる。$5\theta = 2\pi$ より，$\cos\theta = \cos 4\theta$, $\cos 2\theta = \cos 3\theta$ であるから，式 (解 3.1) は

$$
1 + \cos\theta + \cos 2\theta + \cos 3\theta + \cos 4\theta = 0
$$

すなわち，$\overrightarrow{\mathrm{OA}} + \overrightarrow{\mathrm{OB}} + \overrightarrow{\mathrm{OC}} + \overrightarrow{\mathrm{OD}} + \overrightarrow{\mathrm{OE}}$ の x 成分が 0 であることを意味する。

練習 3.2　$\begin{bmatrix} -1 \\ 11 \end{bmatrix} = s\begin{bmatrix} 1 \\ 3 \end{bmatrix} + t\begin{bmatrix} -2 \\ 1 \end{bmatrix} = \begin{bmatrix} s - 2t \\ 3s + t \end{bmatrix}$ より

$$\begin{cases} -1 = s - 2t \\ 11 = 3s + t \end{cases}$$

を解いて，$s = 3, t = 2$ を得る。

練習 3.3　(1)　$\boldsymbol{a} \cdot \boldsymbol{b} = 1 \times 1 + 3 \times (-2) = -5$ である。

また，$\boldsymbol{a}$，$\boldsymbol{b}$ のなす角を θ とすると

$$\cos\theta = \frac{\boldsymbol{a} \cdot \boldsymbol{b}}{|\boldsymbol{a}||\boldsymbol{b}|} = \frac{-5}{\sqrt{1^2+3^2}\sqrt{1^2+(-2)^2}} = -\frac{1}{\sqrt{2}}$$

より，$\theta = 3\pi/4$ である。

(2)　三角形 OAB の面積を S は，次のように求められる。

$$S = \frac{1}{2}|\boldsymbol{a}||\boldsymbol{b}|\sin\frac{3\pi}{4} = \frac{1}{2} \times \sqrt{10} \times \sqrt{5} \times \frac{1}{\sqrt{2}} = \frac{5}{2}$$

(3)　$\boldsymbol{p} = \begin{bmatrix} 1 \\ 3 \end{bmatrix} + t\begin{bmatrix} 1 \\ -2 \end{bmatrix} = \begin{bmatrix} 1+t \\ 3-2t \end{bmatrix}$ より

$$|\boldsymbol{p}|^2 = (1+t)^2 + (3-2t)^2 = 5t^2 - 10t + 10 = 5(t-1)^2 + 5$$

よって，$|\boldsymbol{p}|$ が最小値を与える t の値は $t = 1$ である。このとき，$\boldsymbol{p} = \begin{bmatrix} 2 \\ 1 \end{bmatrix}$ より，$\boldsymbol{p} \cdot \boldsymbol{b} = 2 \times 1 + 1 \times (-2) = 0$ であるから $\boldsymbol{p} \perp \boldsymbol{b}$ が成り立つ。

練習 3.4　(1)　(a)　$2\boldsymbol{a} - 3\boldsymbol{b} + \boldsymbol{c} = 2\begin{bmatrix} -1 \\ 0 \\ 1 \end{bmatrix} - 3\begin{bmatrix} 1 \\ 2 \\ 3 \end{bmatrix} + \begin{bmatrix} 0 \\ -1 \\ 2 \end{bmatrix} = \begin{bmatrix} -5 \\ -7 \\ -5 \end{bmatrix}$

(b)　$\boldsymbol{a} \cdot \boldsymbol{b} = (-1) \times 1 + 0 \times 2 + 1 \times 3 = 2$

(2)　$\boldsymbol{a} \times \boldsymbol{b} = \begin{bmatrix} 0 \times 3 - 1 \times 2 \\ 1 \times 1 - (-1) \times 3 \\ (-1) \times 2 - 0 \times 1 \end{bmatrix} = \begin{bmatrix} -2 \\ 4 \\ -2 \end{bmatrix}$ であるから，$\boldsymbol{a}, \boldsymbol{b}$ を隣り合う 2 辺とする平行四辺形の面積 S は命題 3.4(2) より

$$S = |\boldsymbol{a} \times \boldsymbol{b}| = \sqrt{(-2)^2 + 4^2 + (-2)^2} = 2\sqrt{6}$$

(3)　$\boldsymbol{a}, \boldsymbol{b}, \boldsymbol{c}$ を隣り合う 3 辺とする平行六面体の体積 V は，命題 3.4(3) より

$$V = |(\boldsymbol{a} \times \boldsymbol{b}) \cdot \boldsymbol{c}| = |(-2) \cdot 0 + 4 \cdot (-1) + (-2) \cdot 2| = |-8| = 8$$

練習 3.5　$X = \begin{bmatrix} p & q \\ r & s \end{bmatrix}$ とおくと，$AX = XA = O$ は

$$\begin{bmatrix} p+2r & q+2s \\ 3p+6r & 3q+6s \end{bmatrix} = \begin{bmatrix} p+3q & 2p+6q \\ r+3s & 2r+6s \end{bmatrix} = \begin{bmatrix} 0 & 0 \\ 0 & 0 \end{bmatrix}$$

と同値である。これは結局

$$p+2r = q+2s = 0 = p+3q = r+3s$$

に帰着するから，$p:q:r:s = 6:(-2):(-3):1$ である。よって，題意をみたす行列 X の例として，$X = \begin{bmatrix} 6 & -2 \\ -3 & 1 \end{bmatrix}$ がある。

練習 3.6　$\begin{bmatrix} X \\ Y \end{bmatrix} = \begin{bmatrix} 1 & 3 \\ 2 & 6 \end{bmatrix} \begin{bmatrix} x \\ y \end{bmatrix} = \begin{bmatrix} x+3y \\ 2x+6y \end{bmatrix}$ より，明らかに $Y = 2X$ が成り立つ。また，点 (x, y) が座標平面全体を動くとき，$X = x+3y$ は実数全体を動くから，点 (X, Y) の軌跡は直線 $Y = 2X$ である。

練習 3.7　式 (3.32) を同時に解くには，$[A, \boldsymbol{e}_1, \boldsymbol{e}_2, \boldsymbol{e}_3] = [A, I]$ を行基本変形していけばよい。

$$\begin{bmatrix} 1 & 3 & 2 & 1 & 0 & 0 \\ 2 & 7 & 5 & 0 & 1 & 0 \\ 3 & 4 & 2 & 0 & 0 & 1 \end{bmatrix} \xrightarrow[(\text{第}3\text{行})-(\text{第}1\text{行})\times 3]{(\text{第}2\text{行})-(\text{第}1\text{行})\times 2} \begin{bmatrix} 1 & 3 & 2 & 1 & 0 & 0 \\ 0 & 1 & 1 & -2 & 1 & 0 \\ 0 & -5 & -4 & -3 & 0 & 1 \end{bmatrix}$$

$$\xrightarrow[(\text{第}3\text{行})+(\text{第}2\text{行})\times 5]{(\text{第}1\text{行})-(\text{第}2\text{行})\times 3} \begin{bmatrix} 1 & 0 & -1 & 7 & -3 & 0 \\ 0 & 1 & 1 & -2 & 1 & 0 \\ 0 & 0 & 1 & -13 & 5 & 1 \end{bmatrix}$$

$$\xrightarrow[(\text{第}2\text{行})-(\text{第}3\text{行})\times 1]{(\text{第}1\text{行})+(\text{第}3\text{行})\times 1} \begin{bmatrix} 1 & 0 & 0 & -6 & 2 & 1 \\ 0 & 1 & 0 & 11 & -4 & -1 \\ 0 & 0 & 1 & -13 & 5 & 1 \end{bmatrix}$$

となる。$X = \begin{bmatrix} -6 & 2 & 1 \\ 11 & -4 & -1 \\ -13 & 5 & 1 \end{bmatrix}$ に対し

$$XA = \begin{bmatrix} -6 & 2 & 1 \\ 11 & -4 & -1 \\ -13 & 5 & 1 \end{bmatrix} \begin{bmatrix} 1 & 3 & 2 \\ 2 & 7 & 5 \\ 3 & 4 & 2 \end{bmatrix} = \begin{bmatrix} 1 & 0 & 0 \\ 0 & 1 & 0 \\ 0 & 0 & 1 \end{bmatrix}$$

となるから，A は正則で，$A^{-1} = X$ である。

練習 3.8　(1) と (2) の係数行列の部分は同じである。よって，(1) と (2) を一度に解こう。拡大係数行列は次のように行基本変形できる。

$$\begin{bmatrix}1&2&3&1&1\\2&3&4&2&3\\3&4&5&4&5\end{bmatrix}\xrightarrow[(\text{第}3\text{行})-(\text{第}1\text{行})\times 3]{(\text{第}2\text{行})-(\text{第}1\text{行})\times 2}\begin{bmatrix}1&2&3&1&1\\0&-1&-2&0&1\\0&-2&-4&1&2\end{bmatrix}$$

$$\xrightarrow{(\text{第}2\text{行})\times(-1)}\begin{bmatrix}1&2&3&1&1\\0&1&2&0&-1\\0&-2&-4&1&2\end{bmatrix}$$

$$\xrightarrow[(\text{第}3\text{行})+(\text{第}2\text{行})\times 2]{(\text{第}1\text{行})-(\text{第}2\text{行})\times 2}\begin{bmatrix}1&0&-1&1&3\\0&1&2&0&-1\\0&0&0&1&0\end{bmatrix}$$

(1)　次のように書き換えられる。

$$\begin{cases}x_1 \qquad -x_3 = 1\\ \qquad x_2 \quad +2x_3 = 0\\ \qquad\qquad 0 = 1\end{cases}$$

第 3 式が成り立たないので，この連立 1 次方程式は解なしである。

(2)　次のように書き換えられる。

$$\begin{cases}x_1 \qquad -x_3 = 3\\ \qquad x_2 \quad +2x_3 = -1\\ \qquad\qquad 0 = 0\end{cases}$$

ここで $x_3 = t$ とおくと，$x_1 = t+3,\ x_2 = -2t-1$ である。よって

$$\begin{bmatrix}x_1\\x_2\\x_3\end{bmatrix}=\begin{bmatrix}t+3\\-2t-1\\t\end{bmatrix}=\begin{bmatrix}3\\-1\\0\end{bmatrix}+t\begin{bmatrix}1\\-2\\1\end{bmatrix}$$

が求める一般解である。

練習 3.9　(1)　サラスの方法で計算して次の値を得る。

$$\begin{vmatrix}1&2&3\\2&3&4\\3&4&5\end{vmatrix}=1\times3\times5+2\times4\times3+3\times2\times4$$
$$-1\times4\times4-2\times2\times5-3\times3\times3$$
$$=15+24+24-16-20-27=0$$

(2) 与えられた行列を A とする。命題 3.8 より，A の二つの列が一致すれば $\det A = 0$ となる[†]。よって，例えば $a = b$ のとき，第 1 列と第 2 列が一致するから，$\det A = 0$ である。$a = c$, $b = c$ のときも同様である。

これは因数定理より，$\det A$ が $(a-b)(b-c)(c-a)$ で割り切れることを意味する。また，$\det A$ は明らかに a, b, c の 3 次式だから，$\det A = k(a-b)(b-c)(c-a)$（ただし k は定数）と書ける。ここで，両辺の bc^2 の係数を比較すると $k = 1$ を得る。よって，$\det A = (a-b)(b-c)(c-a)$ となる。

別解　サラスの方法で計算しても，$\det A = (a-b)(b-c)(c-a)$ が得られる。

練習 3.10　命題 3.8 より，求める体積 V について，$V = |\det[\boldsymbol{a}, \boldsymbol{b}, \boldsymbol{c}]|$ である。

$$\det[\boldsymbol{a}, \boldsymbol{b}, \boldsymbol{c}] = \begin{vmatrix} -1 & 1 & 0 \\ 0 & 2 & -1 \\ 1 & 3 & 2 \end{vmatrix} = -4 + 0 - 1 - 3 - 0 - 0 = -8$$

より，$V = |-8| = 8$ である。

練習 3.11　例題 3.11(1) とまったく同様にして，固有値 λ は固有方程式 $\det(tI_2 - A) = 0$ の根でなければならない。よって

$$\det(tI_2 - A) = \begin{vmatrix} t-1 & -1 \\ -3 & t+1 \end{vmatrix} = t^2 - 4 = 0$$

を解いて，$t = \pm 2$ を得る。

次に，固有ベクトルを求める。$t = 2$ のとき

$$(A - 2I_2)\boldsymbol{v} = \begin{bmatrix} -1 & 1 \\ 3 & -3 \end{bmatrix} \begin{bmatrix} x_1 \\ x_2 \end{bmatrix} = \begin{bmatrix} -x_1 + x_2 \\ 3x_1 - 3x_2 \end{bmatrix} = \begin{bmatrix} 0 \\ 0 \end{bmatrix}$$

より，$x_1 = x_2 \neq 0$ である。簡単のため，$\boldsymbol{p}_1 = \begin{bmatrix} 1 \\ 1 \end{bmatrix}$ とおく。

$t = -2$ のとき

$$(A + 2I_2)\boldsymbol{v} = \begin{bmatrix} 3 & 1 \\ 3 & 1 \end{bmatrix} \begin{bmatrix} x_1 \\ x_2 \end{bmatrix} = \begin{bmatrix} 3x_1 + x_2 \\ 3x_1 + x_2 \end{bmatrix} = \begin{bmatrix} 0 \\ 0 \end{bmatrix}$$

より，$x_2 = -3x_1 \neq 0$ である。簡単のため，$\boldsymbol{p}_2 = \begin{bmatrix} 1 \\ -3 \end{bmatrix}$ とおく。

[†] 行列 A の三つの列ベクトルを隣り合う 3 辺とする平行六面体がつぶれて，体積が 0 となるからである。

$P = [\boldsymbol{p}_1, \boldsymbol{p}_2] = \begin{bmatrix} 1 & 1 \\ 1 & -3 \end{bmatrix}$ とおくと，$\det P = 1 \times (-3) - 1 \times 1 = -4 \neq 0$ より，P は正則である。よって，例題 3.11(3) とまったく同様にして

$$AP = A[\boldsymbol{p}_1, \boldsymbol{p}_2] = [\boldsymbol{p}_1, \boldsymbol{p}_2]D = PD, \qquad D = \begin{bmatrix} 2 & 0 \\ 0 & -2 \end{bmatrix}$$

より，次のように対角化できる。

$$P^{-1}AP = D$$

練習 3.12　$P^{-1}AP = D$ の左から P, 右から P^{-1} を掛けると，$A = PDP^{-1}$ である。よって

$$\begin{aligned} A^2 &= (PDP^{-1})(PDP^{-1}) = PDDP^{-1} = PD^2P^{-1} \\ A^3 &= A^2A = (PD^2P^{-1})(PDP^{-1}) = PD^3P^{-1} \\ &\ \vdots \\ A^n &= A^{n-1}A = (PD^{n-1}P^{-1})(PDP^{-1}) = PD^nP^{-1} \end{aligned}$$

となる。P, D に例題 3.12 で求めた行列を代入して

$$\begin{aligned} A^n &= \begin{bmatrix} \frac{1}{\sqrt{3}} & \frac{1}{\sqrt{2}} & -\frac{1}{\sqrt{6}} \\ -\frac{1}{\sqrt{3}} & \frac{1}{\sqrt{2}} & \frac{1}{\sqrt{6}} \\ \frac{1}{\sqrt{3}} & 0 & \frac{2}{\sqrt{6}} \end{bmatrix} \begin{bmatrix} (-2)^n & 0 & 0 \\ 0 & 1 & 0 \\ 0 & 0 & 1 \end{bmatrix} \begin{bmatrix} \frac{1}{\sqrt{3}} & -\frac{1}{\sqrt{3}} & \frac{1}{\sqrt{3}} \\ \frac{1}{\sqrt{2}} & \frac{1}{\sqrt{2}} & 0 \\ -\frac{1}{\sqrt{6}} & \frac{1}{\sqrt{6}} & \frac{2}{\sqrt{6}} \end{bmatrix} \\ &= \begin{bmatrix} \frac{(-2)^n}{\sqrt{3}} & \frac{1}{\sqrt{2}} & -\frac{1}{\sqrt{6}} \\ \frac{-(-2)^n}{\sqrt{3}} & \frac{1}{\sqrt{2}} & \frac{1}{\sqrt{6}} \\ \frac{(-2)^n}{\sqrt{3}} & 0 & \frac{2}{\sqrt{6}} \end{bmatrix} \begin{bmatrix} \frac{1}{\sqrt{3}} & -\frac{1}{\sqrt{3}} & \frac{1}{\sqrt{3}} \\ \frac{1}{\sqrt{2}} & \frac{1}{\sqrt{2}} & 0 \\ -\frac{1}{\sqrt{6}} & \frac{1}{\sqrt{6}} & \frac{2}{\sqrt{6}} \end{bmatrix} \\ &= \begin{bmatrix} \frac{(-2)^n}{3} + \frac{2}{3} & \frac{-(-2)^n}{3} + \frac{1}{3} & \frac{(-2)^n}{3} - \frac{1}{3} \\ \frac{-(-2)^n}{3} + \frac{1}{3} & \frac{(-2)^n}{3} + \frac{2}{3} & \frac{-(-2)^n}{3} + \frac{1}{3} \\ \frac{(-2)^n}{3} - \frac{1}{3} & \frac{-(-2)^n}{3} + \frac{1}{3} & \frac{(-2)^n}{3} + \frac{2}{3} \end{bmatrix} \end{aligned}$$

を得る。

練習 3.13　A の固有多項式は

$$\Delta_A(t) = \begin{vmatrix} t-2 & 1 & 0 \\ -1 & t-3 & 1 \\ -1 & 0 & t-1 \end{vmatrix}$$
$$= (t-2)(t-3)(t-1) - 1 + (t-1)$$
$$= t^3 - 6t^2 + 12t - 8 = (t-2)^3$$

より，A の固有値は 2（3 重根）のみである。

$$(A-2I)^2 = \begin{bmatrix} 0 & -1 & 0 \\ 1 & 1 & -1 \\ 1 & 0 & -1 \end{bmatrix}^2 = \begin{bmatrix} -1 & -1 & 1 \\ 0 & 0 & 0 \\ -1 & -1 & 1 \end{bmatrix}$$

$$(A-2I)^3 = \begin{bmatrix} -1 & -1 & 1 \\ 0 & 0 & 0 \\ -1 & -1 & 1 \end{bmatrix} \begin{bmatrix} 0 & -1 & 0 \\ 1 & 1 & -1 \\ 1 & 0 & -1 \end{bmatrix} = O_3$$

であるから，$\boldsymbol{p}_3 \neq \boldsymbol{0}_3$ を適当に選び，$\boldsymbol{p}_2 = (A-2I_3)\boldsymbol{p}_3$，$\boldsymbol{p}_1 = (A-2I_3)\boldsymbol{p}_2 \neq \boldsymbol{0}_3$ となるようにできれば $(A-2I_3)\boldsymbol{p}_1 = (A-2I_3)^3\boldsymbol{p}_3 = \boldsymbol{0}_3$ より，$\boldsymbol{p}_1$ は A の固有値 2 に対する固有ベクトルである。例えば，$\boldsymbol{p}_3 = {}^t[0, 0, 1]$ と選べば

$$\boldsymbol{p}_2 = \begin{bmatrix} 0 & -1 & 0 \\ 1 & 1 & -1 \\ 1 & 0 & -1 \end{bmatrix} \begin{bmatrix} 0 \\ 0 \\ 1 \end{bmatrix} = \begin{bmatrix} 0 \\ -1 \\ -1 \end{bmatrix}$$

$$\boldsymbol{p}_1 = \begin{bmatrix} 0 & -1 & 0 \\ 1 & 1 & -1 \\ 1 & 0 & -1 \end{bmatrix} \begin{bmatrix} 0 \\ -1 \\ -1 \end{bmatrix} = \begin{bmatrix} 1 \\ 0 \\ 1 \end{bmatrix}$$

である。よって

$$A[\boldsymbol{p}_1, \boldsymbol{p}_2, \boldsymbol{p}_3] = [2\boldsymbol{p}_1, \boldsymbol{p}_1 + 2\boldsymbol{p}_2, \boldsymbol{p}_2 + 2\boldsymbol{p}_3]$$
$$= [\boldsymbol{p}_1, \boldsymbol{p}_2, \boldsymbol{p}_3] \begin{bmatrix} 2 & 1 & 0 \\ 0 & 2 & 1 \\ 0 & 0 & 2 \end{bmatrix}$$

となる。取り換え行列を $P = [\boldsymbol{p}_1, \boldsymbol{p}_2, \boldsymbol{p}_3]$ と取ると $\det P = -1$ より P は正則であり，A のジョルダン標準形は次の式で与えられる。

$$P^{-1}AP = \begin{bmatrix} 2 & 1 & 0 \\ 0 & 2 & 1 \\ 0 & 0 & 2 \end{bmatrix}$$

【4 章】

練習 4.1

証明　式 (4.3) の左辺は n 個から r 個を選ぶ組合せの数である。n 個のうちのある 1 個に目を付け，その 1 個を選ばなければ残り $(n-1)$ 個から r 個選ぶことになるので，その選び方は ${}_{n-1}C_r$ 通りである。また，その 1 個を選べば残り $(n-1)$ 個から $r-1$ 個選ぶことになるので，その選び方は ${}_{n-1}C_{r-1}$ 通りである。これらは式 (4.3) の右辺の第 1 項と第 2 項であるから，式 (4.3) は成り立つ。 □

パスカルの三角形とは，**解図 4.1** のような，二項係数を三角形状に配置したものである。各段の両端はすべて 1 に固定し，各段の中間の数は斜め上の二つの数の和として求められる。

この図の $(n+1)$ 段目の左から r 番目は，二項係数の ${}_nC_r$ に等しい。一方，その斜め上の二つは，n 段目の左から $(r-1)$ 番目と r 番目だから，それぞれ ${}_{n-1}C_{r-1}$ と ${}_{n-1}C_r$ に等しい。式 (4.3) は，パスカルの三角形で二項係数が帰納的に求めることができる根拠となる等式である。

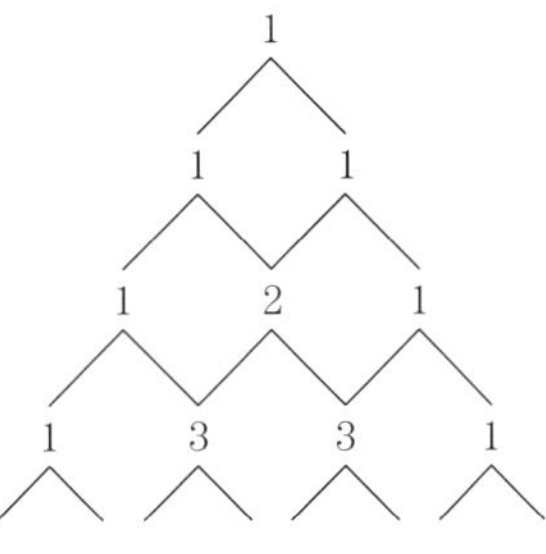

解図 4.1　パスカルの三角形

練習 4.2　(1)　A がハズレくじを引いた場合，残りのくじは 7 本中 2 本がアタリである。よって，その条件のもとで B がアタリくじを引く確率は，2/7 に等しい。
(2)　A がハズレくじを引く確率は $6/8 = 3/4$ である。よって，乗法公式 (4.11) より，A がハズレくじを引き B がアタリくじを引く確率は次で与えられる。

$$\frac{3}{4} \times \frac{2}{7} = \frac{3}{14}$$

練習 4.3　(1)　問題の会社の全社員の集合を Ω とし，社員のうち男性である事象を A_1，女性である事象を A_2 とすると，$\Omega = A_1 \cup A_2$, $A_1 \cap A_2 = \varnothing$ である。また，喫煙者である事象を B とおくと

$$P(A_1 \cap B) = \frac{3}{4} \times \frac{2}{5} = \frac{3}{10}, \quad P(A_2 \cap B) = \frac{1}{4} \times \frac{1}{5} = \frac{1}{20}$$

である。また，$B = (A_1 \cap B) \cup (A_2 \cap B)$ であるから，喫煙者である確率は

$$P(B) = P(A_1 \cap B) + P(A_2 \cap B) = \frac{3}{10} + \frac{1}{20} = \frac{7}{20} \left(= \frac{35}{100} \right)$$

より，35% である。

(2)　題意の確率は，次のとおりである。

$$P(A_1|B) = \frac{P(A_1 \cap B)}{P(B)} = \frac{3/10}{7/20} = \frac{6}{7}$$

練習 4.4　円の中心を O とし，A, B, C が反時計回りに並んでいるとする†。OA から反時計回りに測った角度を $\angle$AOB$= x$, $\angle$AOC$= y$ とおくと，$0 < x < y < 2\pi$ である。これを標本空間 Ω として図示すると，**解図 4.2** の三角形 OPQ である。

円周角定理より，$\angle$ACB$= x/2$, $\angle$BAC$= (y-x)/2$, $\angle$ABC$= (2\pi - y)/2$ であるから，三角形 ABC が鋭角三角形になるための必要十分条件は

$$0 < \frac{x}{2}, \quad \frac{y-x}{2}, \quad \frac{2\pi - y}{2} < \frac{\pi}{2}$$

である。これを書き換えると次のようになる。

$$0 < x < \pi, \quad x < y < x + \pi,$$
$$\pi < y < 2\pi$$

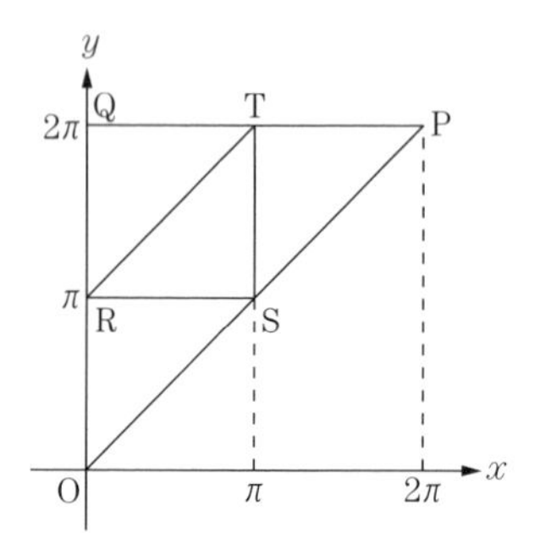

解図 4.2　標本空間 Ω と事象 K

この領域を図示すると，解図 4.2 の三角形 RST となる。三角形 ABC が鋭角三角形になる事象を K とすると，事象 K の起こる確率は三角形 RST と三角形 OPQ の面積比に等しい。よって次の値を得る。

$$P(K) = \frac{|K|}{|\Omega|} = \frac{\text{三角形 RST}}{\text{三角形 OPQ}} = \frac{1}{4}$$

練習 4.5　硬貨を 1 枚投げたとき，表が出る確率も裏が出る確率もともに 1/2 である。よって，硬貨を 2 枚投げたときの表の出る回数を X とすると

$$P(X = 2) = P(X = 0) = \frac{1}{2} \times \frac{1}{2} = \frac{1}{4}$$

である。また，$X = 0, 1, 2$ 以外の可能性はないので

$$P(X = 1) = 1 - (P(X = 2) + P(X = 0)) = \frac{1}{2}$$

を得る。よって X の期待値は

$$E(X) = \sum_{x=0}^{2} xP(X = x) = 0 \times \frac{1}{4} + 1 \times \frac{1}{2} + 2 \times \frac{1}{4} = 1$$

であり，X の分散は $E(X) = 1$ を代入すると次のようになる。

---

† 反時計回りに A, C, B の順に並んでいた場合は裏返せばよい。

$$V(X) = \sum_{x=0}^{2}(x - E(X))^2 P(X = x)$$
$$= (0-1)^2 \times \frac{1}{4} + (1-1)^2 \times \frac{1}{2} + (2-1)^2 \times \frac{1}{4} = \frac{1}{2}$$

練習 4.6　二つのサイコロに目印を付けるなどして A, B と名前を付けて区別する。A, B のサイコロの出目をそれぞれ a, b とすると

$$\Omega = \{(a, b) | 1 \leqq a, b \leqq 6\}$$

が標本空間であり，各 $(a, b) \in \Omega$ が根元事象であり同様に確からしい。

$X = a + b$ とおいて，各 $(a, b) \in \Omega$ に対して X の値を対応させたのが**解表 4.1** である。確率変数 X の値が x となる確率を $f(x) := P(X = x)$ とおく。根元事象は全部で $|\Omega| = 6 \times 6 = 36$ 通りあるから，確率関数 $f(x)$ は**解表 4.2** のとおりに与えられる。

解表 4.1　a, b に対する X の値

	1	2	3	4	5	6
1	2	3	4	5	6	7
2	3	4	5	6	7	8
3	4	5	6	7	8	9
4	5	6	7	8	9	10
5	6	7	8	9	10	11
6	7	8	9	10	11	12

解表 4.2　確率関数

x	2	3	4	5	6	7	8	9	10	11	12
$f(x)$	$\frac{1}{36}$	$\frac{2}{36}$	$\frac{3}{36}$	$\frac{4}{36}$	$\frac{5}{36}$	$\frac{6}{36}$	$\frac{5}{36}$	$\frac{4}{36}$	$\frac{3}{36}$	$\frac{2}{36}$	$\frac{1}{36}$

確率変数 X が奇数となる確率は

$$f(3) + f(5) + f(7) + f(9) + f(11) = \frac{2}{36} + \frac{4}{36} + \frac{6}{36} + \frac{4}{36} + \frac{2}{36} = \frac{1}{2}$$

であり，その余事象である X が偶数となる確率も $1 - 1/2 = 1/2$ である。

注意　第 4 章の扉のページに，同様に確からしいという概念が確立する前の場合の数の数え方が示されている。(a, b) の順序を区別しない場合，サイコロの出目は六つの数から二つの数を重複を許して選ぶ組合せの総数で ${}_6H_2 = {}_7C_2 = 7 \times 6/2 = 21$ 通りである。そのうち，$X = a + b\,(a \leqq b)$ が奇数となる組合せは

$$(a, b) = (1, 2), (1, 4), (2, 3), (1, 6), (2, 5), (3, 4), (3, 6), (4, 5), (5, 6)$$

の 9 通り，偶数となるのは残り $21 - 9 = 12$ 通りである。この考え方だと，サイコロの出目の和が偶数となる確率が奇数となる確率より大きいように思えるが，実際は解答例で述べたように偶数となる確率と奇数になる確率は等しい。

練習 4.7　硬貨を 1 回投げて表が出る確率も裏が出る確率もともに 1/2 である。よって硬貨を 10 回投げたときそのうち x 回表が出る確率 $f(x)$ は

$$f(x) = {}_{10}C_x \frac{1}{2^{10}} = \frac{{}_{10}C_x}{1024}$$

である。よって，$x \leqq 3$ となる確率は次のとおりである。

$$\sum_{x=0}^{3} f(x) = \sum_{x=0}^{3} \frac{{}_{10}C_x}{1024} = \frac{1+10+45+120}{1024} = \frac{11}{64}$$

練習 4.8　2000 個の数字の中に 1 が X 個入っているとすると，X の期待値は

$$\lambda = 2000 \times \frac{1}{1000} = 2$$

である。よって，確率変数 X はポアソン分布 $Po(2)$ に従う。

ポアソン分布の確率関数 (4.25) に $\lambda = 2$ を代入すると

$$f(x) = \frac{2^x}{x!} e^{-2} = 0.135335 \frac{2^x}{x!}$$

となる。ここで，$e^{-2} = 1/e^2 \fallingdotseq 0.135335$ を用いた。よって，次の結果を得る。

$$\begin{aligned}
f(0) &= 0.135335 \times \frac{2^0}{0!} = 0.135335 \\
f(1) &= 0.135335 \times \frac{2^1}{1!} = 0.27067 \\
f(2) &= 0.135335 \times \frac{2^2}{2!} = 0.27067 \\
f(3) &= 0.135335 \times \frac{2^3}{3!} = 0.180447 \\
\sum_{x=4}^{\infty} f(x) &= 1 - (f(0) + f(1) + f(2) + f(3)) = 0.142878
\end{aligned}$$

練習 4.9　確率変数 X は定義 4.30 で $a = 1, b = 100$ とおいた離散一様分布に従う。定理 4.10 より，X の期待値と分散は次の式で与えられる。

$$\begin{aligned}
E(X) &= \frac{1+100}{2} = \frac{101}{2} \\
&= 50.5 \\
V(X) &= \frac{(100-1+1)^2 - 1}{12} = \frac{9999}{12} \\
&= 833.25
\end{aligned}$$

練習 4.10　確率変数 X は定義 4.15 で $a = 0, b = 15$ とおいた連続一様分布に従う。定理 4.12 より，X の期待値と分散は次の式で与えられる。

$$E(X) = \frac{0+15}{2} = \frac{15}{2} = 7.5 \quad V(X) = \frac{(15-0)^2}{12} = \frac{75}{4} = 18.75$$

練習 4.11　40 代男性のヘモグロビン A1c（NGSP 値）を X〔%〕とおくと，確率変数 X は正規分布 $N(5.6, 0.7^2)$ に従う。よって，$Z = (X-5.6)/0.7$ は標準正規分布 $N(0,1)$ に従う。よって $X \geqq 6.2$ である確率は

$$P(X \geqq 6.2) = P\left(Z \geqq \frac{6.2-5.6}{0.7}\right) = 1 - 0.8051 = 0.1949$$

すなわち，約 19.5% である。ここで，付表 1 を用いた。また，両側 95% となるヘモグロビン A1c の範囲は

$$-1.96 \leqq Z = \frac{X-5.6}{0.7} \leqq 1.96$$

を解いて，$4.228 \leqq X \leqq 6.972$ となる。よって，4.2% 以上 7.0% 以下である。

【5 章】

練習 5.1

証明　n 個の標本に対する標本分散の定義式 (5.2 b) より

$$\begin{aligned} s^2 &= \frac{1}{n}\sum_{j=1}^{n}(x_j - \overline{x})^2 = \frac{1}{n}\sum_{j=1}^{n}(x_j^2 - 2x_j\overline{x} + \overline{x}^2) \\ &= \frac{1}{n}\left(\sum_{j=1}^{n}x_j^2 - 2\overline{x}\sum_{j=1}^{n}x_j + \sum_{j=1}^{n}\overline{x}^2\right) = \overline{x^2} - 2\overline{x}\cdot\overline{x} + \overline{x}^2 \\ &= \overline{x^2} - \overline{x}^2 \end{aligned}$$

となり，題意は証明された。　□

練習 5.2

証明　式 (5.8) より y の x に関する回帰直線の傾きは $a_1 = s_{xy}/s_x^2$ で与えられる。一方，式 (5.10) より，$r_{xy} = s_{xy}/s_x s_y$ が成り立つ。よって

$$a_1 = \frac{s_{xy}}{s_x s_y}\frac{s_y}{s_x} = r_{xy}\frac{s_y}{s_x}$$

より，式 (5.13) が成り立つ。

また，式 (5.7) の第 1 式は，回帰直線が点 $(\overline{x}, \overline{y})$ を通ることを意味する。よって，回帰直線の方程式を次のように書き換えることができる。

$$y - \overline{y} = a_1(x - \overline{x})$$

これは，式 (5.13) と合わせて，式 (5.14) を意味する。　□

練習 5.3

証明　いま，$(x_1, y_1), \cdots, (x_n, y_n)$ の n 組のデータに対し

$$\langle xy \rangle = \frac{1}{n}\sum_{j=1}^{n} x_j y_j = \frac{x_1y_1 + \cdots + x_ny_n}{n}$$

とおくと，$s_x^2 = \langle (x - \overline{x})^2 \rangle$, $s_{xy} = \langle (x - \overline{x})(y - \overline{y}) \rangle$ などが成り立つ。

回帰係数 b_0, b_1 のみたす関係式から明らかに，$\overline{u_{12}} = 0$ である。また

$$u_{12} = (x_1 - \overline{x}_1) - \frac{s_{12}}{s_2^2}(x_2 - \overline{x}_2)$$

より

$$s_{u_{12}}^2 = \langle u_{12}^2 \rangle = s_1^2 - 2\frac{s_{12}}{s_2^2}s_{12} + \frac{s_{12}^2}{s_2^4}s_2^2 = s_1^2 - \frac{s_{12}^2}{s_2^2} = s_1^2(1 - r_{12}^2)$$

となる。同様にして，$s_{u_{32}}^2 = s_3^2(1 - r_{23}^2)$ を得る。また

$$\begin{aligned} s_{u_{12},u_{32}} &= \langle u_{12}u_{32} \rangle = s_{13} - 2\frac{s_{12}s_{23}}{s_2^2} + \frac{s_{12}s_{23}}{s_2^4}s_2^2 = s_{13} - \frac{s_{12}s_{23}}{s_2^2} \\ &= s_1s_3(r_{13} - r_{12}r_{23}) \end{aligned}$$

よって

$$r_{u_{12},u_{32}} = \frac{s_{u_{12},u_{32}}}{s_{u_{12}}s_{u_{32}}} = \frac{r_{13} - r_{12}r_{23}}{\sqrt{(1 - r_{12}^2)(1 - r_{23}^2)}} = -\frac{\tilde{r}_{31}}{\sqrt{\tilde{r}_{33}\tilde{r}_{11}}}$$

となり，式 (5.18) が得られた。　□

練習 5.4　確率変数 $\overline{X_M}$ と $\overline{X_F}$ はそれぞれ正規分布 $N(5.5, 1.2^2/10)$ と $N(3.6, 1.0^2/10)$ に従う。正規分布の再生性 (定理 5.6) より，確率変数 $\overline{X_M} - \overline{X_F}$ は正規分布 $N(5.5 - 3.6, 1.2^2/10 + 1.0^2/10) = N(1.9, 0.244)$ に従う。

練習 5.5　帰無仮説 H_0 は $\mu_A = \mu_B$ である。注意 5.13 より

$$Z = \frac{(\overline{X_A} - \overline{X_B}) - (\mu_A - \mu_B)}{\sqrt{\dfrac{\sigma_A^2}{n_A} + \dfrac{\sigma_B^2}{n_B}}}$$

は標準正規分布 $N(0,1)$ に従う。帰無仮説 H_0 を用いると

$$Z = \frac{160.5 - 159.0}{\sqrt{\dfrac{25.00}{10} + \dfrac{25.00}{10}}} = 0.6708 < 1.96$$

よって，帰無仮説 H_0 は棄却できない。A, B 両大学の女子新入生の平均身長は等しいといえる。

練習 5.6　二項分布 $B(n,p)$ に従う確率変数 X において，$E(X) = np$, $V(X) = npq\,(q = 1 - p)$ より，$n \to \infty$ の極限で

$$Z = \frac{X - np}{\sqrt{npq}} = \frac{X/n - p}{\sqrt{pq/n}}$$

は標準正規分布 $N(0,1)$ に従う。

いま，$n = 180$ が十分大きいと考え，$X/n = 40/180 = 2/9$ より

$$-1.96 \leqq Z = \frac{2/9 - p}{\sqrt{p(1-p)/180}} \leqq 1.96$$

を解くことにより，確率 p の値を信頼係数 95% で推定しよう。本来は

$$|2/9 - p| \leqq 1.96\sqrt{p(1-p)/180}$$

の両辺を 2 乗して得られる 2 次不等式を解かなければならない†が，ここでは簡便法として，右辺に $p = 2/9$ を代入すると，$0.161 \leqq p \leqq 0.283$ を得る。

練習 5.7　帰無仮説 H_0 は喫煙率に男女差がない，である。この仮定のもとでの理論度数は**解表 5.1** のとおりである。

解表 5.1　理論度数

	男性	女性	計
喫煙者	26.25	8.75	35
禁煙者	48.75	16.25	65
計	75	25	100

次の量は系 5.12 より，自由度

$$\nu = (2-1) \times (2-1) = 1$$

の χ^2 分布に従うが

$$\chi^2 = \frac{(30 - 26.25)^2}{26.25} + \frac{(5 - 8.75)^2}{8.75} + \frac{(45 - 48.75)^2}{48.75} + \frac{(20 - 16.25)^2}{16.25}$$
$$= 3.2967 < 3.841 = \chi_1^2(0.05)$$

であるから，帰無仮説 H_0 は棄却できない。よって，喫煙率に男女差があるとはいえない。

† 実際に題意の 2 次不等式を解くと，$0.168 \leqq p \leqq 0.288$ を得る。

練習 5.8　収縮期血圧の服用前の値から服用後の値を引いた量を X〔mmHg〕とすると，帰無仮説 H_0 は服用の前後で収縮期血圧に変化はない，すなわち X の母平均 $\mu = 0$ である。

標本数 $n = 10$ より，命題 5.15 の式 (5.61) は自由度 $\nu = 10 - 1 = 9$ の t 分布に従う。X の標本平均と不偏分散は

$$\overline{X} = \{(158 - 155) + \cdots + (181 - 171)\}/10 = 3$$
$$u^2 = \{(158 - 155 - 3)^2 + \cdots (181 - 171 - 3)^2\}/(10 - 1) = 18.44$$

であるから

$$t = \frac{\overline{X} - \mu}{\sqrt{u^2/n}} = \frac{3 - 0}{\sqrt{18.44/10}} = 2.209 < 2.262 = t_9(0.025)$$

より，帰無仮説 H_0 は棄却できない。よって，降圧剤の服用により収縮期血圧値に変化が生じたとはいえない。

注意　この問題の問いかけは「変化が生じたといえるか」であるから両側検定であるが，もし「減少したといえるか」なら片側検定となる。その場合は

$$t = 2.209 > 1.833 = t_9(0.05)$$

より，降圧剤の服用により収縮期血圧値が減少したといえる。

練習 5.9　F 値は 1 に近ければ近いほどよく，大きすぎても小さすぎてもいけない。有意水準が α のとき，$F_{\nu_2}^{\nu_1}(1 - \alpha/2) \leqq F \leqq F_{\nu_2}^{\nu_1}(\alpha/2)$ ならば帰無仮説は棄却できないと考えるのである。なお，$F_{\nu_2}^{\nu_1}(1 - \alpha/2)$ は注意 5.33 より $1/F_{\nu_1}^{\nu_2}(\alpha/2)$ として計算する。この問題に即して説明すると

$$1/F_9^9(0.025) = 0.2484 \leqq F = 0.829 \leqq 4.026 = F_9^9(0.025)$$

より，例題 5.9(1) と同様に帰無仮説は棄却できない。

練習 5.10　帰無仮説 $H_0 : \mu_A = \mu_B$ をウェルチの t 検定で検定する。

$$c = \frac{u_A^2/n_A}{u_A^2/n_A + u_B^2/n_B} = \frac{27.61/10}{27.61/10 + 22.89/10} = 0.5468$$

$$\frac{1}{\nu} = \frac{c^2}{n_A - 1} + \frac{(1 - c)^2}{n_B - 1} = \frac{0.5468^2}{9} + \frac{0.4532^2}{9} = 0.0560$$

より，$\nu = 17.84$ が自由度となる。

$$t = \frac{|\overline{x_A} - \overline{x_B}|}{\sqrt{\dfrac{u_A^2}{n_A} + \dfrac{u_B^2}{n_B}}} = \frac{160.5 - 159}{\sqrt{\dfrac{27.61}{10} + \dfrac{22.89}{10}}} = 0.6675$$
$$< 2.101 = t_{18}(0.025) < t_{17.84}(0.025)$$

より，帰無仮説 H_0 は棄却できない。よって，$\mu_A = \mu_B$ といえる。

練習 5.11　式 (5.72) で定義された F 値は，群間分散と群内分散の比に等しい。分散分析検定では，群間分散が群内分散に比べて十分小さければ m 組の母平均に差がないと考えるのである。よって，有意水準 α のとき，基準となる F 値は $F_{n-m}^{m-1}(\alpha)$ であって $F_{n-m}^{m-1}(\alpha/2)$ ではない。

練習 5.12　5 段階評価の 5 は 4 以下より高い評価であり，4 は 3 以下より高い評価であることなどから，通知表の評点が順序尺度変数の定義をみたしているのは明らかである。ところで，学校の通知表は定期試験の結果に授業態度や提出物などを加味して行われるものである。定期試験（100 点満点）の素点 X は 0 から 100 までの整数値を取る離散確率変数であるが，実用上は連続確率変数と考えてよい。これに授業態度や提出物などを点数化して加算した点数 Y を基準に 5 段階評価したものが評点である。よって通知表の評点は，Y が a_5 以上は 5, a_5 未満で a_4 以上は 4 などと 5 段階評価に変換した変数で，間隔尺度変数と順序尺度変数の中間的性格をもつ変数であると考えられる[†1]。

通知表の評点が単なる順序尺度変数なら，その和は統計学的に無意味であるから内申点も無意味である。しかし，評点の基となった前段の間隔尺度変数 Y の全教科合計には意味があるから，評点の合計である内申点にも何らかの意味はあるといえる。ただし，内申点は Y の合計を段階評価したものではなく，各教科の Y を評点に変換した後に合計したものであることに注意する必要がある。また，各教科の評点は独立ではない[†2]から，独立でない変数（評点）の和を取ること（内申点）には統計学的には慎重であるべきである。

[†1] 実際，通知表の評点が相対評価だった時代，主要 5 教科の評点はほとんど定期試験の素点のみで決定されていた。そして素点の最上位 7% の生徒に 5 が，その次の上位 24% の生徒に 4 が，以下，その次の 38% の生徒に 3 が，さらにその下の 24% の生徒に 2 が，最下位 7% の生徒に 1 が付けられた。これは素点の X の分布が正規分布だった場合，$Z = (X - \mu)/\sigma$（μ は平均点，σ は標準偏差）とおくと，$P(Z \geqq 1.5) \fallingdotseq 0.07$, $P(0.5 \leqq Z \leqq 1.5) \fallingdotseq 0.24$, $P(-0.5 \leqq Z \leqq 0.5) \fallingdotseq 0.38$ であることと関係がある。

[†2] 例えば経験上，数学の評点が高い生徒は英語の評点も高い傾向にある。

章末問題解答

★1章

【1】(1) $\sqrt[3]{3}\cdot\sqrt[3]{9}=\sqrt[3]{27}=3$

(2) 底の変換公式より

$$\log_3 6-\log_9 12=\log_3 6-\frac{\log_3 12}{\log_3 9}=\log_3 6-\frac{\log_3 12}{2}$$
$$=\frac{2\log_3 6-\log_3 12}{2}=\frac{\log_3(6^2/12)}{2}=\frac{1}{2}$$

(3) 加法定理より

$$\sin\frac{5\pi}{12}=\sin\left(\frac{\pi}{4}+\frac{\pi}{6}\right)=\sin\frac{\pi}{4}\cos\frac{\pi}{6}+\cos\frac{\pi}{4}\sin\frac{\pi}{6}$$
$$=\frac{1}{\sqrt{2}}\frac{\sqrt{3}}{2}+\frac{1}{\sqrt{2}}\frac{1}{2}=\frac{\sqrt{3}+1}{2\sqrt{2}}=\frac{\sqrt{6}+\sqrt{2}}{4}$$

(4) $\cos^{-1}1=x$ とおくと，$\cos x=1\ (0\leqq x\leqq\pi)$ より，$x=0$ となる。

(5) $\tan^{-1}(-1/\sqrt{3})=x$ とおくと，$\tan x=-1/\sqrt{3}\ (-\pi/2<x<\pi/2)$ より，$x=-\pi/6$ となる。

【2】(1) $\log_2 x+\log_2(x+2)=\log_2 x(x+2)=\log_2 8$ より，$x(x+2)=8$ が成り立つ†。整理して，$x^2+2x-8=0$，$x=-4,2$ となる。真数条件より $x>0, x+2>0$ なので，$x=2$ が得られる。

(2) $\log_3 x=t$ とおくと，題意は，$t^2+2t=3$ となる。これを解いて，$t=1,-3$ を得る。よって，$x=3^1,3^{-3}$，すなわち，$x=3,1/27$ となる。

(3) 倍角公式より，$\sin x=\cos 2x=1-2\sin^2 x$ となる。$\sin x=t$ とおくと，$2t^2+t-1=0$ より，$t=-1,1/2$，よって，$x=\pi/6,\ 5\pi/6,\ 3\pi/2$ を得る。

---

† $\log_2 x$ は単調増加なので，$\log_2 a=\log_2 b$ ならば $a=b$ が成り立つ。

(4)　三角関数の合成[†1]より

$$\sin x + \cos x = \sqrt{2}\sin\left(x + \frac{\pi}{4}\right) = \frac{1}{\sqrt{2}} \;\Rightarrow\; \sin\left(x + \frac{\pi}{4}\right) = \frac{1}{2}$$

$\pi/4 \leqq x + \pi/4 \leqq 9\pi/4$ より，$x + \pi/4 = 5\pi/6, 13\pi/6$ となるから

$$x = \frac{7\pi}{12}, \frac{23\pi}{12}$$

【3】 例題 1.3(2) より $\sin^{-1} x + \cos^{-1} x = \pi/2$ が成り立つ。$t = \sin^{-1} x$ とおくと，$\cos^{-1} x = \pi/2 - t$ より

$$f(x) = t\left(\frac{\pi}{2} - t\right) = -\left(t - \frac{\pi}{4}\right)^2 + \frac{\pi^2}{16}$$

である。$-\pi/2 \leqq t \leqq \pi/2$ より

$x = 1/\sqrt{2}\,(t = \pi/4)$ のとき，$f(x)$ は最大値$\pi^2/16$

$x = -1\,(t = -\pi/2)$ のとき，$f(x)$ は最小値 $-\pi^2/2$

【4】 (1)　2^x は単調増加，2^{-x} は単調減少であるから，関数 $f(x) = (2^x - 2^{-x})/2$ は単調増加である。

(2)　$y = f(x)$ は単調増加だから $1:1$ 対応であり，必ず $x = g(y)$ の形に逆に解ける。ここで，$2^x = t(>0)$ とおくと

$$\frac{t - t^{-1}}{2} = y, \quad t^2 - 2yt - 1 = 0 \qquad \text{(解 1.5)}$$

となる。方程式 (解 1.5) の $t > 0$ となる根は $t = y + \sqrt{y^2 + 1}$ である[†2]。よって，$x = \log_2(y + \sqrt{y^2 + 1})$ を得る。

★2章

【1】 (1)　$((3x - 4)^5)' = 3 \cdot 5(3x - 4)^4 = 15(3x - 4)^4$

(2)　$\left(\cos\left(x^2\right)\right)' = \left(-\sin\left(x^2\right)\right) \cdot \left(x^2\right)' = -2x \sin\left(x^2\right)$

[†1] 練習 1.2(1) の解答参照。

[†2] 方程式 (解 1.5) の根を $\alpha < \beta$ とすると，$t^2 - 2yt - 1 = (t - \alpha)(t - \beta)$ となり，定数項を比較すると $\alpha\beta = -1 < 0$ より $\alpha < 0 < \beta$ となる。つまり，方程式 (解 1.5) の大きいほうの根が正の根である。

(3)　$(e^{-x}\sin x)' = (e^{-x})'\sin x + e^{-x}(\sin x)' = e^{-x}(-\sin x + \cos x)$

(4)　$(\cos(\log x))' = -\sin(\log x)\cdot(\log x)' = -\dfrac{\sin(\log x)}{x}$

【2】(1)　$\displaystyle\int_0^1 x^3 dx = \left[\frac{x^4}{4}\right]_0^1 = \frac{1}{4}$

(2)　$\displaystyle\int_0^1 e^{-x} dx = \left[-e^{-x}\right]_0^1 = -(e^{-1} - e^0) = 1 - \frac{1}{e}$

(3)　部分積分公式（定理 2.7）を用いて

$$\int_0^1 \cos^{-1} x dx = [x\cos^{-1} x]_0^1 - \int_0^1 x(\cos^{-1} x)' dx = \int_0^1 \frac{x}{\sqrt{1-x^2}} dx$$

ここで $1 - x^2 = t$ とおくと，x の積分範囲 $[0, 1]$ は t の積分範囲 $[1, 0]$ に変換される。$xdx = -dt/2$ より

$$(与式) = \int_1^0 \frac{-dt/2}{\sqrt{t}} = \left[-\sqrt{t}\right]_1^0 = 1$$

(4)　$t = \log x$ とおくと，x の積分範囲 $[1, e]$ は t の積分範囲 $[0, 1]$ に変換される。$dt = (\log x)' dx = dx/x$ より

$$\int_1^e \frac{\log x}{x} dx = \int_0^1 t dt = \left[\frac{t^2}{2}\right]_0^1 = \frac{1}{2}$$

【3】(1)　積分形である。

$$y = \int \tan x dx = \int \frac{\sin x}{\cos x} dx$$

ここで，$t = \cos x$ とおくと，$dt = (\cos x)' dx = -\sin x dx$ より

$$y = -\int \frac{dt}{t} = -\log|t| + C = -\log|\cos x| + C$$

を得る。ただし，C は積分定数である（以下同様）。

(2)　変数分離形である。$y \neq 0$ を仮定すると

$$\int \frac{dy}{y} = -\int x dx \;\Rightarrow\; \log|y| = -\frac{x^2}{2} + C \;\Rightarrow\; y = Ae^{-x^2/2}$$

を得る。ここで，$A = \pm e^C (\neq 0)$ とおいた。恒等的に $y = 0$ も，微分方程式が $0 = 0$ の意味で成り立つ。これは上式で $A = 0$ とおいた解と解釈

できる。これらをまとめて，$y = Ae^{-x^2/2}$ を得る。

注意　上の解で $A = 1/\sqrt{2\pi}$ とおいたものが，第 4 章と第 5 章で登場する標準正規分布 $N(0,1)$ の確率密度関数と呼ばれるものである。

(3)　これは積分形である。よって

$$
\begin{aligned}
y &= \int e^{-x}\cos x dx = -e^{-x}\cos x + \int e^{-x}(\cos x)' dx \\
&= -e^{-x}\cos x - \int e^{-x}\sin x dx \\
&= -e^{-x}\cos x + e^{-x}\sin x - \int e^{-x}(\sin x)' dx \\
&= e^{-x}(\sin x - \cos x) - \int e^{-x}\cos x dx + 2C
\end{aligned}
$$

より次の式を得る。

$$
2y = e^{-x}(\sin x - \cos x) + 2C, \qquad y = \frac{1}{2}e^{-x}(\sin x - \cos x) + C
$$

(4)　式 (2.44) で，$P(x) = 1$, $Q(x) = \cos x$ とおいたものである。まず

$$
e^{\int P(x)dx} = e^{\int dx} = e^{x}
$$

である。よって

$$
\begin{aligned}
y &= e^{\int P(x)dx}\left(\int Q(x)e^{-\int P(x)dx}dx + C\right) \\
&= e^{x}\left(\int e^{-x}\cos x dx + C\right)
\end{aligned}
$$

となる。ここで，(3) の結果を用いて次の式を得る。

$$
y = e^{x}\left(\frac{1}{2}e^{-x}(\sin x - \cos x) + C\right) = \frac{1}{2}(\sin x - \cos x) + Ce^{x}
$$

【4】$y = \sqrt{1 - x^2}$ とおくと，$x^2 + y^2 = 1$, すなわち，原点を中心とする半径 1 の円である†。

定積分 $I = \displaystyle\int_0^1 \sqrt{1 - x^2}dx$ の積分範囲が $[0, 1]$ であることから，定積分 I は解図 **2.1** の網掛け部分（原点を中心とする半径 1 の円の第 1 象限および x 軸，y 軸）の面積に等しい。よって，$I = \pi/4$ である。

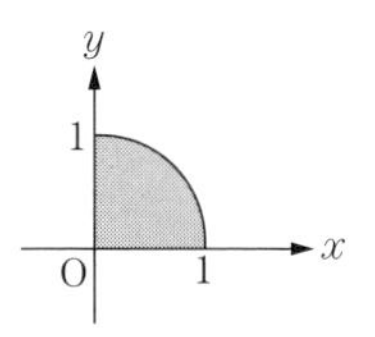

解図 2.1　定積分 I と四分円の面積

† $y \geqq 0$ より，正確には原点を中心とする半径 1 の上半円である

この結果を積分を実行することにより確かめてみよう。積分 I を部分積分すると

$$I = \int_0^1 \sqrt{1-x^2}dx = \left[x\sqrt{1-x^2}\right]_0^1 - \int_0^1 x(\sqrt{1-x^2})'dx$$
$$= \int_0^1 \frac{x^2}{\sqrt{1-x^2}}dx = \int_0^1 \frac{1-(1-x^2)}{\sqrt{1-x^2}}dx = \int_0^1 \frac{1}{\sqrt{1-x^2}}dx - I$$

より

$$2I = \int_0^1 \frac{1}{\sqrt{1-x^2}}dx$$

を得る。ここで，右辺の積分の被積分関数 $1/\sqrt{1-x^2}$ は積分の上端 $x=1$ で発散している。したがって，厳密には広義積分であり本書の範囲外である。ただし，左辺は収束するのは明らかなので，それに等しい右辺も何らかの意味で定義されていると考える。ここでは，区間 $[0, 1-\varepsilon]$ での積分を考えて，$\varepsilon \to 0$ の極限を取ることにすれば，次の結果を得る。

$$I = \frac{1}{2}\lim_{\varepsilon\to 0}\int_0^{1-\varepsilon} \frac{1}{\sqrt{1-x^2}}dx = \frac{1}{2}\lim_{\varepsilon\to 0}\left[\sin^{-1} x\right]_0^{1-\varepsilon}$$
$$= \frac{1}{2}\lim_{\varepsilon\to 0}\sin^{-1}(1-\varepsilon) = \frac{\pi}{4}$$

★3章

【1】(1)　$AB = \begin{bmatrix} 1 & -2 & 3 \\ -4 & 5 & -6 \end{bmatrix}\begin{bmatrix} 2 & 0 \\ -1 & 1 \\ 1 & -2 \end{bmatrix} = \begin{bmatrix} 7 & -8 \\ -19 & 17 \end{bmatrix}$

AB の $(1,2)$ 成分は，A の 1 行目の転置 ${}^t[1,-2,3]$ と B の 2 列目 ${}^t[0,1,-2]$ との内積より，$1\times 0 + (-2)\times 1 + 3\times(-2) = -8$ と計算できる。他の成分も同様である。

$$BA = \begin{bmatrix} 2 & 0 \\ -1 & 1 \\ 1 & -2 \end{bmatrix}\begin{bmatrix} 1 & -2 & 3 \\ -4 & 5 & -6 \end{bmatrix} = \begin{bmatrix} 2 & -4 & 6 \\ -5 & 7 & -9 \\ 9 & -12 & 15 \end{bmatrix}$$

BA の $(3,1)$ 成分は，B の 3 行目の転置 ${}^t[1,-2]$ と A の 1 列目 ${}^t[1,-4]$ との内積より，$1\times 1 + (-2)\times(-4) = 9$ と計算できる。ほかの成分も同様である。

(2)　$\det(AB) = 7 \times 17 - (-19) \times (-8) = -33 \neq 0$ より，AB は正則である。逆行列は，定理 3.6 より次のようになる。

$$(AB)^{-1} = \frac{1}{-33}\begin{bmatrix} 17 & 8 \\ 19 & 7 \end{bmatrix} = -\frac{1}{33}\begin{bmatrix} 17 & 8 \\ 19 & 7 \end{bmatrix}$$

BA についても行列式が 0 であるか否かで正則行列かどうか確認できるが，本書ではきちんと扱ってはいないので，基本変形により確かめてみよう。

$$\begin{bmatrix} 2 & -4 & 6 & 1 & 0 & 0 \\ -5 & 7 & -9 & 0 & 1 & 0 \\ 9 & -12 & 15 & 0 & 0 & 1 \end{bmatrix}$$

$$\xrightarrow{(\text{第 1 行}) \times (1/2)} \begin{bmatrix} 1 & -2 & 3 & 1/2 & 0 & 0 \\ -5 & 7 & -9 & 0 & 1 & 0 \\ 9 & -12 & 15 & 0 & 0 & 1 \end{bmatrix}$$

$$\xrightarrow[(\text{第 3 行}) - (\text{第 1 行}) \times 9]{(\text{第 2 行}) + (\text{第 1 行}) \times 5} \begin{bmatrix} 1 & -2 & 3 & 1/2 & 0 & 0 \\ 0 & -3 & 6 & 5/2 & 1 & 0 \\ 0 & 6 & -12 & -9/2 & 0 & 1 \end{bmatrix}$$

$$\xrightarrow{(\text{第 3 行}) + (\text{第 2 行}) \times 2} \begin{bmatrix} 1 & -2 & 3 & 1/2 & 0 & 0 \\ 0 & -3 & 6 & 5/2 & 1 & 0 \\ 0 & 0 & 0 & 1/2 & 2 & 1 \end{bmatrix}$$

となって，これ以上変形しても $(3, 6)$ 型の行列の左半分を単位行列 I_3 の形まで変形できない。よって，BA は正則でない。

【2】(1)　$\boldsymbol{a}, \boldsymbol{b}$ を隣り合う 2 辺とする平行四辺形の面積 S は命題 3.4(2) より $S = |\boldsymbol{a} \times \boldsymbol{b}|$ で与えられる。

$$\boldsymbol{a} \times \boldsymbol{b} = \begin{bmatrix} 1 \times 4 - 1 \times 2 \\ 1 \times 1 - 1 \times 4 \\ 1 \times 2 - 1 \times 1 \end{bmatrix} = \begin{bmatrix} 2 \\ -3 \\ 1 \end{bmatrix}$$

より次のようになる。

$$S = |\boldsymbol{a} \times \boldsymbol{b}| = \sqrt{2^2 + (-3)^2 + 1^2} = \sqrt{14}$$

(2)　$\boldsymbol{a}, \boldsymbol{b}, \boldsymbol{c}$ を隣り合う 3 辺とする平行六面体の体積 V は，命題 3.4(3) より

$$V = |(\boldsymbol{a} \times \boldsymbol{b}) \cdot \boldsymbol{c}| = |2 \times 1 + (-3) \times 3 + 1 \times 9| = |2| = 2$$

である。

別解　命題 3.8 より，求める体積 V について，$V = |\det[\boldsymbol{a}, \boldsymbol{b}, \boldsymbol{c}]|$ が成り立つ。よって

$$\det[\boldsymbol{a}, \boldsymbol{b}, \boldsymbol{c}] = \begin{vmatrix} 1 & 1 & 1 \\ 1 & 2 & 3 \\ 1 & 4 & 9 \end{vmatrix} = 18 + 4 + 3 - 12 - 9 - 2 = 2$$

より，$V = 2$ である。

【3】行基本変形により

$$\begin{bmatrix} 1 & 3 & 4 & 1 \\ 2 & 7 & 5 & 3 \\ 3 & 11 & 6 & a \end{bmatrix} \xrightarrow[(\text{第}3\text{行}) - (\text{第}1\text{行}) \times 3]{(\text{第}2\text{行}) - (\text{第}1\text{行}) \times 2} \begin{bmatrix} 1 & 3 & 4 & 1 \\ 0 & 1 & -3 & 1 \\ 0 & 2 & -6 & a-3 \end{bmatrix}$$

$$\xrightarrow[(\text{第}3\text{行}) - (\text{第}2\text{行}) \times 2]{(\text{第}1\text{行}) - (\text{第}2\text{行}) \times 3} \begin{bmatrix} 1 & 0 & 13 & -2 \\ 0 & 1 & -3 & 1 \\ 0 & 0 & 0 & a-5 \end{bmatrix}$$

となる。よって，連立 1 次方程式 (3.45) は

$$\begin{cases} x_1 \qquad\quad + 13x_3 = -2 \\ \qquad x_2 \quad - 3x_3 = 1 \\ \qquad\qquad\quad 0 = a - 5 \end{cases}$$

と書き換えられる。第 3 式より，解が存在するための必要十分条件は $a = 5$ が成り立つことである。このとき $x_3 = t$ とおくと，$x_1 = -13t - 2$, $x_2 = 3t + 1$ である。よって，一般解は次のようになる。

$$\begin{bmatrix} x_1 \\ x_2 \\ x_3 \end{bmatrix} = \begin{bmatrix} -13t - 2 \\ 3t + 1 \\ t \end{bmatrix} = \begin{bmatrix} -2 \\ 1 \\ 0 \end{bmatrix} + t \begin{bmatrix} -13 \\ 3 \\ 1 \end{bmatrix}$$

【4】(1)　$A - I = \begin{bmatrix} p_1 - 1 & q_1 \\ p_2 & q_2 - 1 \end{bmatrix} = \begin{bmatrix} -p_2 & q_1 \\ p_2 & -q_1 \end{bmatrix}$ より[†] $(A - I) \begin{bmatrix} q_1 \\ p_2 \end{bmatrix} = \begin{bmatrix} 0 \\ 0 \end{bmatrix}$

† $p_1 + p_2 = 1$ より，$p_1 - 1 = -p_2$ が成り立つ。同様に $q_2 - 1 = -q_1$ が成り立つ。

が成り立つ。よって，行列 A は固有値 1 をもち，その固有ベクトル（の一つ）は $\boldsymbol{u} = {}^t[q_1, p_2]$ である。

(2) $A\boldsymbol{v} = \begin{bmatrix} p_1 & q_1 \\ p_2 & q_2 \end{bmatrix} \begin{bmatrix} 1 \\ -1 \end{bmatrix} = \begin{bmatrix} p_1 - q_1 \\ p_2 - q_2 \end{bmatrix} = (p_1 - q_1) \begin{bmatrix} 1 \\ -1 \end{bmatrix}$ が成り立つ。ここで，$(p_1 - q_1) + (p_2 - q_2) = (p_1 + p_2) - (q_1 + q_2) = 0$ より，$p_2 - q_2 = -(p_1 - q_1)$ となることを用いた。また，$p_1, p_2, q_1, q_2 > 0$, $p_1 + p_2 = q_1 + q_2 = 1$ より $-1 < p_1 - q_1 < 1$ である。よって，$\boldsymbol{v}$ は行列 A の 1 とは異なる固有値 $p_1 - q_1$ に対する固有ベクトルである。

(3) $\boldsymbol{x}_0 = k\boldsymbol{u} + l\boldsymbol{v}$ をみたすように，実数 k, l を定めると $k = 1/(q_1 + p_2)$, $l = p_2/(q_1 + p_2)$ である。また，$A\boldsymbol{u} = \boldsymbol{u}$, $A\boldsymbol{v} = (p_1 - q_1)\boldsymbol{v}$ であるから

$$\boldsymbol{x}_n = A^n \boldsymbol{x}_0 = k\boldsymbol{u} + l(p_1 - q_1)^n \boldsymbol{v}$$

が成り立つ。$\lim_{n\to\infty} (p_1 - q_1)^n = 0$ より，次の極限を得る。

$$\lim_{n\to\infty} \boldsymbol{x}_n = k\boldsymbol{u} = \frac{1}{q_1 + p_2} \begin{bmatrix} q_1 \\ p_2 \end{bmatrix}$$

★ 4 章

【1】 胎児がダウン症である事象を A, NIPT 検査で陽性と診断される事象を B とする。題意により，$P(A) = 1/100$, $P(B|A) = 991/1000$, $P(\overline{B}|\overline{A}) = 999/1000$ である。胎児がダウン症で陽性と診断される確率は

$$P(A \cap B) = P(A)P(B|A) = \frac{1}{100} \times \frac{991}{1000} = \frac{991}{100000}$$

胎児がダウン症でなく陽性と診断される確率は

$$P(\overline{A} \cap B) = P(\overline{A})P(B|\overline{A}) = \left(1 - \frac{1}{100}\right) \times \left(1 - \frac{999}{1000}\right) = \frac{99}{100000}$$

より，NIPT 検査で陽性と診断される確率は

$$P(B) = P(A \cap B) + P(\overline{A} \cap B) = \frac{991}{100000} + \frac{99}{100000} = \frac{109}{10000}$$

である。よって，陽性的中率は

$$P(A|B) = \frac{P(A \cap B)}{P(B)} = \frac{991/100000}{109/10000} = \frac{991}{1090} = 90.9\%$$

胎児がダウン症で陰性と診断される確率は

$$P(A\cap\overline{B})=\frac{1}{100}\times\left(1-\frac{991}{1000}\right)=\frac{9}{100000}$$

胎児がダウン症でなく陰性と診断される確率は

$$P(\overline{A}\cap\overline{B})=P(\overline{A})P(\overline{B}|\overline{A})=\left(1-\frac{1}{100}\right)\times\frac{999}{1000}=\frac{98901}{100000}$$

より，NIPT 検査で陰性と診断される確率は

$$P(\overline{B})=P(A\cap\overline{B})+P(\overline{A}\cap\overline{B})=\frac{9}{100000}+\frac{98901}{100000}=\frac{9891}{10000}$$

である。よって，陰性的中率は

$$P(\overline{A}|\overline{B})=\frac{P(\overline{A}\cap\overline{B})}{P(\overline{B})}=\frac{98901/100000}{9891/10000}=\frac{10989}{10990}=99.99\%$$

【2】 AP$=x$, AQ$=y$ とすると，$0<x<y<1$ である。これを標本空間 Ω として図示すると，**解図 4.3** の三角形 OXY である。

AP, PQ, QB が三角形の 3 辺になるための必要十分条件はどの 1 辺の長さもほかの 2 辺の長さの和より短いことである。これを AP+PQ+QB$=1$ であることを用いて言い換えると，どの 1 辺の長さも 1/2 より短いことである。よって

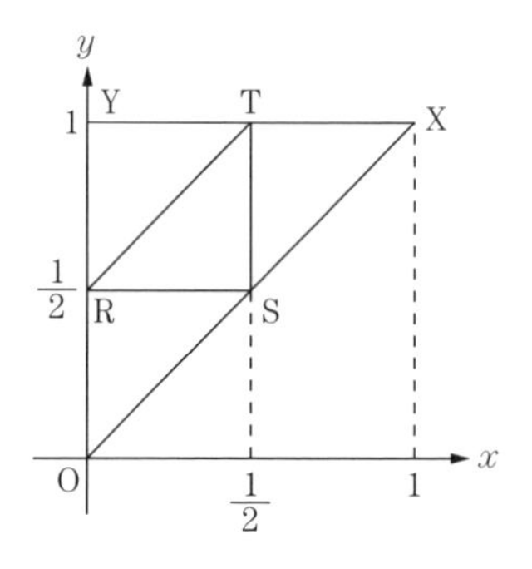

解図 4.3　標本空間 Ω と事象 Δ

$$x<\frac{1}{2}<y,\quad y-x<\frac{1}{2}$$

である。この領域を図示すると，解図 4.3 の三角形 RST となる。AP，PQ，QB が三角形の 3 辺となる事象を Δ とすると，事象 Δ の起こる確率は三角形 RST と三角形 OXY の面積比に等しい。よって，次の結果を得る。

$$P(\Delta)=\frac{|\Delta|}{|\Omega|}=\frac{\text{三角形 RST}}{\text{三角形 OXY}}=\frac{1}{4}$$

【3】 A 型の学生数 X は，二項分布 $B(40,0.38)$ に従う。よって

$$P(x)={}_{40}C_x0.38^x0.62^{40-x}$$

である。ここで

$$\frac{P(x+1)}{P(x)} = \frac{40-x}{x+1}\frac{0.38}{0.62} \leqq (>)1$$

を解いて，$x \geqq (<) 40 \times 0.38 - 0.62 = 14.58$ である。よって

$$P(0) < P(1) < \cdots < P(14) < P(15) > P(16) > \cdots > P(40)$$

が成り立つ。したがって, $P(x)$ の最大値は $x = 15$ のときで, 最大値は $P(15) = 0.129$ である。

【4】(1)　付表 1 より，$P(Z \leqq 1.2) = 0.8849$, $P(Z \leqq 1.4) = 0.9192$ である。また，標準正規分布 $N(0,1)$ の確率密度関数の対称性より，$P(Z \leqq -z) = 1 - P(Z > -z) = 1 - P(Z \leqq z)$ である。よって，次の結果を得る。

$$\begin{aligned} P(1.2 \leqq Z \leqq 1.4) &= P(Z \leqq 1.4) - P(Z \leqq 1.2) = 0.0343 \\ P(-1.2 \leqq Z \leqq 1.4) &= P(Z \leqq 1.4) - P(Z \leqq -1.2) \\ &= P(Z \leqq 1.4) - (1 - P(Z \leqq 1.2)) = 0.8041 \end{aligned}$$

(2)　$P(-k \leqq z \leqq k) = 0.762$ より，$P(Z \leqq k) = (1 + 0.762)/2 = 0.881$ でなければならない。付表 1 から $P(Z \leqq k) = 0.881$ をみたす k の値を表から探すと，$k = 1.18$ である。

★5章

【1】(1)　まず，各変数の標本平均，標本分散および各変数間の共分散を求める。

$$\begin{aligned} &\overline{x_1} = (60 + \cdots + 73)/10 = 70 \\ &\overline{x_2} = (10 + \cdots + 6)/10 = 8 \\ &\overline{x_3} = (81 + \cdots + 78)/10 = 72 \\ &s_1^2 = \{(60-70)^2 + \cdots + (73-70)^2\}/10 = 156.8 \\ &s_2^2 = \{(10-8)^2 + \cdots + (6-8)^2\}/10 = 8.8 \\ &s_3^2 = \{(81-72)^2 + \cdots + (78-72)^2\}/10 = 137 \\ &s_{12} = \{(60-70) \times (10-8) + \cdots + (73-70) \times (6-8)\}/10 = 22.8 \\ &s_{13} = \{(60-70) \times (81-72) + \cdots + (73-70) \times (78-72)\}/10 = 111.3 \\ &s_{23} = \{(10-8) \times (81-72) + \cdots + (6-8) \times (78-72)\}/10 = 28 \end{aligned}$$

次に，各相関係数を求める。

$$r_{12} = s_{12}/s_1s_2 = 0.6138$$
$$r_{13} = s_{13}/s_1s_3 = 0.7594$$
$$r_{23} = s_{23}/s_2s_3 = 0.8064$$

さらに，$R = [r_{ij}]$ の余因子[†1]を求める。

$$\tilde{r}_{31} = r_{12}r_{23} - r_{13} = -0.2644$$
$$\tilde{r}_{32} = r_{12}r_{13} - r_{23} = -0.3403$$
$$\tilde{r}_{33} = 1 - r_{12}^2 = 0.6233$$

よって，式 (5.19) より，回帰平面の方程式は

$$-0.2644\frac{x_1 - 70}{\sqrt{156.8}} - 0.3403\frac{x_2 - 8}{\sqrt{8.8}} + 0.6233\frac{x_3 - 72}{\sqrt{137}} = 0$$
$$x_3 = 0.397x_1 + 2.154x_2 + 26.98$$

である[†2]。

(2) (1) で定義した行列 R の行列式を求める。

$$|R| = 1 + 2r_{12}r_{13}r_{23} - r_{12}^2 - r_{13}^2 - r_{23}^2 = 0.1480$$

よって，式 (5.27) より

$$r_{3\cdot12} = \sqrt{1 - \frac{|R|}{\tilde{r}_{33}}} = \sqrt{1 - \frac{0.1480}{0.6233}} = 0.8732$$

(3) $\tilde{r}_{11} = 1 - r_{23}^2 = 0.3497$ を用いて，式 (5.18) より

$$r_{31\cdot2} = -\frac{\tilde{r}_{31}}{\sqrt{\tilde{r}_{33}\tilde{r}_{11}}} = -\frac{-0.2644}{\sqrt{0.6233 \times 0.3497}} = 0.5664$$

である。また，$\tilde{r}_{22} = 1 - r_{13}^2 = 0.4233$ であるから

$$r_{32\cdot1} = -\frac{\tilde{r}_{32}}{\sqrt{\tilde{r}_{33}\tilde{r}_{22}}} = -\frac{-0.3403}{\sqrt{0.6233 \times 0.4233}} = 0.6625$$

である。

---

†1 定義 5.13 およびその脚注参照。

†2 上で求めた $\tilde{r}_{ij}$ 等の値をそのまま用いた。桁落ちを避けるため四捨五入は最後に一度だけするようにすれば，定数項は 26.98 ではなく 27.01 となる。

【2】数学と物理の成績順位はそれぞれ次のとおりである。

数学(x)	8	9	3	7	10	1	2	4	6	5
物理(y)	3	8	6	10	9	1	5	2	7	4

x も y も $\{1, 2, \cdots, 10\}$ の並べ替えであり，$a = 1, b = 10$ の離散一様分布とみなせるから，定理 4.10 より

$$\overline{x} = \overline{y} = \frac{1+10}{2} = 5.5, \qquad s_x^2 = s_y^2 = \frac{(10-1+1)^2-1}{12} = 8.25$$

である。さらに

$$\overline{xy} = (8\cdot 3 + 9\cdot 8 + \cdots + 5\cdot 4)/10 = 35.5$$

より，$s_{xy} = \overline{xy} - \overline{x}\,\overline{y} = 35.5 - 5.5^2 = 5.25$ である。よって，スピアマンの順位相関係数は次のとおりである。

$$r_{Sp} = \frac{s_{xy}}{s_x s_y} = \frac{5.25}{8.25} = 0.636$$

【3】帰無仮説 H_0 は，物理の点数と勉強時間の間の相関係数 $\rho = 0$ である。ここで，$r_{23} = 0.8064, n = 10$ を代入して

$$t = \frac{0.8064\sqrt{10-2}}{\sqrt{1-0.8064^2}} = 3.857 > 2.306 = t_8(0.025)$$

より，帰無仮説 H_0 は棄却される。よって，物理の点数と勉強時間の間には相関があるといえる。

【4】帰無仮説 H_0 は，この結果はメンデルの法則に従うということである。メンデルの法則によれば，$RY : Ry : rY : ry = 9:3:3:1$ の割合で出現する（生物の教科書参照）。そこで，$104 + 34 + 29 + 9 = 176$ を理論比に分けて理論度数とすると $(f_{RY}^*, f_{Ry}^*, f_{rY}^*, f_{ry}^*) = (99, 33, 33, 11)$ となる。この理論分布にはパラメータが一つもないから，式 (5.51) はこの場合，自由度 $\nu = 4-1$ の χ^2 分布に従う。実際に式 (5.51) を計算すると

$$\chi^2 = \frac{(104-99)^2}{99} + \frac{(34-33)^2}{33} + \frac{(29-33)^2}{33} + \frac{(9-11)^2}{11}$$
$$= 1.131 < 7.815 = \chi_3^2(0.05)$$

であるから，帰無仮説 H_0 は棄却できない。よって，この結果はメンデルの法則に従うといえる。

索　　　引

――― 著 者 略 歴 ―――

1988年　東京大学理学部物理学科卒業
1993年　東京大学大学院理学系研究科博士課程修了（物理学専攻）
　　　　博士（理学）
1993年　京都大学数理解析研究所研修員（日本学術振興会特別研究員）
～98年
1994年　メルボルン大学数学科 Research Fellow (Level A)
～95年
1998年　鈴鹿医療科学大学講師（数学担当）
2005年　鈴鹿医療科学大学助教授
2006年　鈴鹿医療科学大学教授
　　　　現在に至る

大学新入生のための基礎数学
Basic Mathematics for Freshmen

2015 年 2 月20日　初版第 1 刷発行
2021 年12月10日　初版第 4 刷発行

検印省略

著　者　桑野泰宏（くわの やすひろ）
発 行 者　株式会社　コロナ社
　　　　代表者　牛来真也
印 刷 所　三美印刷株式会社
製 本 所　有限会社　愛千製本所

112–0011　東京都文京区千石 4–46–10
発 行 所　株式会社　コロナ社
CORONA PUBLISHING CO., LTD.
Tokyo Japan
振替 00140–8–14844・電話(03)3941–3131(代)
ホームページ　https://www.coronasha.co.jp

ISBN 978–4–339–06108–6　C3041　Printed in Japan　（松岡）